泥石流

NISHILIU

FANGZHI GONGCHENG

CHANGJIAN WENTI JI QI DUICE YANJIU

防治工程常见问题及其对策研究

郭树清 李海军 张仲福 著

兰州大学出版社

LANZHOU UNIVERSITY PRESS

图书在版编目（ＣＩＰ）数据

泥石流防治工程常见问题及其对策研究 / 郭树清，
李海军，张仲福著. -- 兰州 ：兰州大学出版社，
2018.11
ISBN 978-7-311-05488-5

Ⅰ．①泥… Ⅱ．①郭… ②李… ③张… Ⅲ．①泥石流
—灾害防治 Ⅳ．①P642.23

中国版本图书馆CIP数据核字(2018)第251261号

责任编辑　郝可伟　张映春
封面设计　陈　文

书　　名　泥石流防治工程常见问题及其对策研究
作　　者　郭树清　李海军　张仲福　著
出版发行　兰州大学出版社　（地址:兰州市天水南路222号　730000）
电　　话　0931-8912613(总编办公室)　0931-8617156(营销中心)
　　　　　0931-8914298(读者服务部)
网　　址　http://press.lzu.edu.cn
电子信箱　press@lzu.edu.cn
印　　刷　兰州人民印刷厂
开　　本　880 mm×1230 mm　1/16
印　　张　14.5
字　　数　293千
版　　次　2018年11月第1版
印　　次　2018年11月第1次印刷
书　　号　ISBN 978-7-311-05488-5
定　　价　158.00元

(图书若有破损、缺页、掉页可随时与本社联系)

作者简介

郭树清，1955年3月出生，甘肃省地矿局副总工程师，教授级高工，一级建造师。长期从事地质工程与地质灾害防治工程工作。现为甘肃地质灾害防治协会专家委员会主任委员，国家文物局石窟加固专家、甘肃省国土资源厅专家。近年来，发表地质工程及地质灾害防治方面专业论文10余篇，编著了《甘肃省低丘缓坡土地平整工程地质灾害危险性评估技术要点》《甘肃地质灾害治理工程验收细则》等。参与全国范围的地质灾害防治工程培训60余次。

李海军，河南镇平人，1986年长春地质学院工程地质研究生毕业，现为甘肃省地矿局第三勘查院教授级高工，国家注册岩土工程师，长期从事岩土工程工作。曾获国家教委科技进步一等奖、甘肃省科技成果奖。甘肃省建设厅、甘肃省文物局、甘肃省安检局专家成员。

张仲福，1976年1月出生，甘肃榆中人。现为甘肃省地矿局工程地质研究院高级工程师，注册QMS审核员。长期从事岩土工程勘查设计、水工环境地质调查与勘查及地质灾害防治工程勘查设计等工作，发表专业论文10余篇。

序

　　甘肃省地处青藏高原、内蒙古高原和黄土高原的交汇地带，地质环境条件复杂，生态脆弱，降雨集中，暴雨频发；受此影响，区内地质灾害分布广泛，是全国地质灾害最严重的省份之一，地质灾害活动频繁，危害严重。区内发生的各类地质灾害中，泥石流灾害尤为突出。曾多次发生过一次死亡百人以上的特大泥石流灾害。如1964年兰州市西固区泥石流灾害，2010年舟曲特大型泥石流灾害，伤亡惨重，损失巨大，影响深远，震惊全国。近年来，泥石流灾害有进一步加剧之势，在2010年之后短短的五年中又连续发生了四次大范围的泥石流灾害，危害范围广，受害人数多，经济损失大。随着极端天气的增多，灾害形势十分严峻，防灾减灾任务极其繁重。为此，各级政府高度重视，不断加大灾害治理力度。在灾后重建工作中，把地质灾害的治理作为一项重要任务，先后投入近50亿元实施了包括泥石流灾害治理在内的一大批重大地质灾害治理项目。这些项目的实施，已经取得了良好的治理效果，发挥了明显的防灾作用，有效地改善了人居环境。

　　我国的泥石流研究虽然有60多年的历史，但区域的差异性、泥石流类型的多样性和泥石流形成、运动和堆积过程的复杂性，给泥石流防治工程的勘查、设计造成了诸多不便。加之我国幅员辽阔，不同区域之间的自然环境条件差异巨大，不同区域的泥石流研究成果很难直接应用。由此可见，加强本区域的泥石流发生条件、运动规律、力学特征和防治技术的研究，提高本地区泥石流防治工程勘查、设计水平，是一项十分迫切的工作。

　　甘肃省的泥石流防治情况与全国基本类似，最早的防治措施是单纯的排导工程，无论城镇建设还是道路工程，大多设置排导槽和导流堤等。这些工程对一般性的泥石流确实发挥了重要的防灾作用，但不能抵御较大规模的泥石流，主要表现在排导槽中泥沙淤积严重，清淤任务繁重。有时因清淤不及时而造成临时性的堵塞，致使泥石流冲坎毁堤、越堤外溢，淹没城镇乡村和市政工程等，从而造成了很大的灾害损失。在此后的防治工作中，又加大了生物措施治理，开展了植树造林、种草及坡改梯田等工程。生物工程虽然能拦蓄降水，延长汇流过程，降低洪峰流量，减少坡面冲刷，但其固沟稳坡能力相对有限。因此，其治理效果并不明显，特别是在遇到稀遇特大暴雨时，其自身难保，更谈不上阻止泥石流的发生了。近年来，在树木茂密的丘陵山区，如甘肃成县黄渚镇、天水娘娘坝镇等地也发生了大规模的山洪泥石流灾害，这对泥石流沟的判别和防治技术提出了新的挑战，成为泥石流防治工作新的研究课题。

自20世纪90年代以来，在国家专项资金的支持下，在泥石流发育强烈的陇南地区，开始了以小流域为单元的综合治理工程。由于有前期的排导工程和生物措施的基础，这一时期的治理主要以修筑拦挡坝为主。拦挡坝不再是以拦蓄泥沙为中心的单一坝，而是成群布置的以稳沟固坡为目的的中高坝。这些工程的实施不仅取得了显著的治理成果，而且积累了经验，培养了人才。

我国泥石流基本机理研究和防治技术一直没有取得突破性的进展，如在综合治理的防治技术选择和搭配中，由于目的性不强，随意性较大，致使工程结构设计针对性不强，盲目性较大。所设计的泥石流拦挡工程溃决时有发生，排导工程因影响村庄道路而被拆除损毁的情况多有发生。这说明，我们除了对泥石流形成机理的复杂性研究不足外，还对防治工程结构的合理性、适宜性和治理效果的跟踪调查研究不够。

自2008年以来，甘肃省内已经治理了几百条泥石流沟道，修建了数千条拦挡坝和近百千米的排导槽，这为深入研究泥石流防治技术提供了千载难逢的机会。本书的作者是甘肃省著名的地质灾害治理专家，擅长工程结构设计和施工工艺方法，近年来为全省地质灾害的治理做出了重要贡献。他们勤于思考，善于总结，在工作实践中敏锐地抓住机会，结合治理工程勘查设计的审查和工程验收，发现了一些"缺陷"工程和失败工程，并从工程设计和施工的角度，深入分析研究，反复查找原因，并根据成因"对症下药"，提出了具体可行的改进办法。相信本书的出版，对提高业内泥石流灾害防治工程的设计和施工水平具有指导意义。

《泥石流防治工程常见问题及其对策研究》通过大量有代表性的照片和示意图，生动形象地展示了泥石流治理工程中的常见问题。其资料翔实可靠，分析深入中肯。本书查找出了泥石流设计、施工中出现的常见问题：有坝基础的冲刷破坏；有坝肩的冲刷破坏；有基础或坝体渗水；有溢流口、泄水涵洞、泄水孔的分布不当；有坝前副坝或护坦设置不当；有拦挡坝与排导槽的设置与乡村道路的矛盾等。作者除了发现问题之外，还针对这些问题提出了行之有效的解决办法。作者通过调查研究，提出了坝前冲蚀坑的深度和长度的计算改进办法；提出了坝前应该设置副坝还是护坦的建议；提出了计算护坦长度的经验公式。特别是比较系统地提出了坝肩槽和基础槽的加固措施，这是本书的亮点所在。同时，本书用大量的彩色照片和示意图展示了拦挡工程和排导工程中的成功范例或不当之处。这对读者正确理解本书的观点是非常有益的。

由于区域的差异性和泥石流本身的复杂性以及研究程度的不足，当前的泥石流勘查规范在具体执行中均有许多不便之处。书中的泥石流勘查部分针对勘查工作存在的突出问题和带来的严重后果，结合作者近年来大量勘查实践、亲身经历和已有勘查规范，拟订了资料收集、野外勘查方案及勘查准备要点；从泥石流形成条件、影响因素调查、泥石流特征勘查和特征值计算，到勘查报告编制提纲等方面提出了有益的改进措施。这些改进措施是具体化和本地化的优秀成果，具有很强的实用性和可操作性。它对提高甘肃泥石流的防治水平、方便勘查人员的使用都是非常有用的。

　　本书作者也指出，本书中的一些观点与规范和以往的做法有所不同，对此，可仅当一家之言对待。希望在今后的工作中，业内同仁进一步深入研究泥石流防治工程，逐步统一认识，不断提高和完善泥石流防治工作水平。

中国科学院寒区旱区环境与工程研究所
2018年8月8日

前　言

　　泥石流灾害是地质灾害中危害最严重、分布最广泛的山地灾害之一，具有突发性、隐蔽性、复杂性和短暂性的特点。近年来，随着极端气候的影响和城镇化进程的加快，泥石流灾害的发生频率越来越高，危害越来越大，积极开展泥石流灾害防治非常紧迫。

　　2008年5月12日四川汶川发生地震（以下简称"5·12地震"），地震波及甘肃省陇南市、甘南藏族自治州等地。地震引发的崩塌、滑坡、泥石流等次生地质灾害，给工农业生产及人民群众的生命财产安全造成了巨大损失；同时，特大地震对山体内在的损伤特别严重，储存了许多潜在地质灾害隐患。

　　2010年8月8日甘肃舟曲县特大暴雨引发的城北部三眼峪沟和罗家峪沟特大泥石流灾害，淤塞白龙江河道形成堰塞体，导致舟曲县城三分之一被淹，县城内月圆村、椿场村两个村被毁，三眼村、北关村、罗家峪村、瓦场村严重受灾；造成1504人死亡，273人失踪（受灾人数6025户26470人）；损毁房屋63615间、机关事业单位办公楼21栋；淤埋农田1417亩；城区道路、供水、供电、通信等基础设施严重受损中断。其伤亡人数之多，损失之大，全国罕见。

　　2012年5月10日，甘肃省定西市岷县、漳县、渭源等地发生强降雨，引发山洪泥石流灾害，造成49人死亡，23人失踪，87人受伤入院治疗。受灾人数35.8万，农作物受灾面积23025公顷（成灾14966公顷，绝收9429公顷），岷县、漳县等因灾直接经济损失16.18亿元。

　　2013年7月22日，甘肃省定西市岷县、漳县交界处，发生里氏6.6级地震，震中烈度Ⅷ度，本次地震区域与2012年的山洪泥石流区域是叠加的，受灾人数256.9万，因灾死亡95人、受伤2414人，受灾总面积约1.64万平方千米，直接经济损失26.49亿元。

　　甘肃省是我国最早开展泥石流灾害防治研究和工程实践的省份之一，20世纪50年代以来，实施了一系列泥石流防治工程，取得了显著的治理成效。2008年以来，结合"5·12地震""8·8舟曲泥石流""5·10山洪泥石流"及"7·22岷漳地震"等自然灾害的灾后重建工作，甘肃省实施了一大批包括泥石流灾害的地质灾害治理工程。通过这些泥石流灾害治理工程的实施，在泥石流灾害治理工程方面积累了丰富的经验，从设计理念到工程措施上有了诸多创新，治理区的地质灾害发展势头得到了有效遏制，人居环境得到了较大的改善，防灾减灾效果十分显著。

　　从2012年开始，甘肃省国土资源管理部门对已完成的地质灾害防治项目及时开展了工程质量检查、验收工作。我们作为竣工验收的主要人员，参加了大部分地质灾害防治工程的检查、验收工作。通过对400多个泥石流灾害治理项目中的数千座泥石流拦挡坝和近百千米的排导工程的实地检查和研究，发现了一些治理设计思路独到、结构新颖、防灾减灾效果显著的治理工程，但也发现了一些设计、施工有"缺陷"的工程。在这些"缺陷"工程中，一部分是施工质量问题，但更多的是由于设计者设计经验不足，或对泥石流危害方式认识不够，设计不合理造成的。这些缺陷，在泥石流治理工程实践中具有普遍性，严重影响着工程的治理效果。

针对近年来甘肃泥石流防治工程实践取得的成功经验和存在的问题，我们通过具体工程实例，汇总整理成"泥石流防治工程实践"PPT课件，应中国地质大学、中国地质灾害防治工程行业协会和省内地勘单位的邀请，授课60余次。通过授课、交流，提高了我们和业内同仁对泥石流治理工程设计和施工的认识。

本书是在系统总结以上经验和不足的同时，结合我们在泥石流防治工程方面取得的研究成果的基础上编写的。其中，在拦挡坝排泄结构的布局、拦挡坝基础与坝肩的保护、排导槽的优化设计、治理工程与环境的协调性等方面提出的一些独到见解，在工程实践中得到了应用，取得了较好的效果。这些成果是我们踏遍了甘肃地质灾害防治工程区域的山山水水，拍摄了大量的第一手照片，耗费了六年多的心血，经过反复、潜心研究得来的，现以专著的形式呈献给同行，希望在泥石流防治工程设计与施工方面借鉴和参考。书中的一些观点、看法和治理结构，与相关规范的要求不尽一致或不完全相符，望各位斟酌使用。

任何事物都有一个认识、提高、再认识、再提高的过程。泥石流灾害治理工程正是如此，故在泥石流灾害治理过程中出现一些"缺陷"工程在所难免。何况"5·12汶川地震"以后的地质灾害治理工程，工期紧，新手多，经验少，缺少规范规程支撑等，出现一些效果欠佳的治理工程也在情理之中，书中涉及的这些治理工程实例及其照片只是为了说明问题。

本书共四编二十二章。第一编、第二编第一章至第三章由郭树清编写；第三编由李海军编写；第二编第四章、第四编及附录由张仲福编写；全书由周自强策划、统稿。张仲福对书中的文字、图件进行了全面的校对。岳珊珊对书中的插图进行了清绘。

本书部分成果、观点和照片出自甘肃省内的专家、学者和教授：祁龙、王世宇、吴玮江、金凌燕、方建生、郭富赟、胡向德、姜才文、张慧清、施孝、黎志恒、王得楷、赵成、余志山、魏余广、丁宏伟、陈秀清、章伟民、吴宏、陈瑾、郭一兵、魏恒、胡志胜等，在此一并致谢。

编者
2018年8月

目　录

泥石流防治工程常见问题及其对策研究

第一编

泥石流灾害治理拦挡工程

第一章 拦挡工程

第一节 拦挡工程的重要性与特殊性

一、拦挡工程的重要性

众所周知，泥石流灾害防治工程是一项综合性工程，是系统工程。其涉及的因素较多，防治方法众多，但归结起来有拦挡工程、排导工程和生物工程三大类。一项泥石流灾害的防治工程，往往是拦、排、固相结合的综合防治体系。每一类治理工程都有其独特作用，都是重要的。

修筑拦挡工程是泥石流灾害治理的基本方法之一。泥石流拦挡工程包括拦挡坝和停淤场等。一条固体物质较多的泥石流沟道，一旦启动发生泥石流，如不设拦挡工程加以拦蓄与阻滞，任其流动冲向下游，冲向农田，将淤埋农田渠道；冲向村庄，将摧毁房屋道路；冲进河道，会抬高河床，形成堰塞湖。照片1-1所示的是没有进行拦挡的强大泥石流摧毁村庄和设施，淤埋农田的惨状。含块石、漂石的泥石流不但具有冲击掩埋作用，还有强大的切割毁坏建筑物和构筑物作用。照片1-2所示的是含石量较多的泥石流灾害摧毁七层建筑的情景。所以，在泥石流灾害治理工程中，拦挡工程是非常重要且不可少的治理措施。

照片1-1

照片1-2

沟道内设置的拦挡工程的作用是多方面的，但其主要功能如下：

1.拦蓄沟道内泥石流的固体物质，将下泄的高重度泥石流改变成低重度的泥石流或洪水，以降低泥石流或洪水对下游建筑物和构筑物的破坏作用。照片1-3所示的是重力式拦挡坝，该拦挡坝用了约200 m³浆砌块石，拦蓄了近5000 m³的泥石流固体物质，大大降低了泥石流的重度，效果非常明显。

照片1-3

2.回淤效应抬高了泥石流沟道的侵蚀面，压埋沟床的泥石流固体物质，使之不再参与到泥石流中，同时，利用拦蓄的固体物质在沟道底部反压滑坡（崩塌）坡脚，达到稳沟固坡的作用（回淤效应）。照片1-4所示的是谷坊坝回淤固沟的情景，回淤长度约70 m，完全压埋了沟底固体物质，使之不再参与到泥石流中。

照片1-4

3.降低沟道的坡降，减缓泥石流的流速，抑制上游沟道的纵向横向侵蚀。如照片1-3所示。

4.调节泥石流的流向，利用拦挡工程溢流口的方向，将泥石流导向不同的方向。

5.有效减轻泥石流固体物质对下游构筑物的冲击和淹埋作用。

二、拦挡工程的特殊性

从机理上讲，泥石流拦挡工程是一项拦蓄固体物质和抑制沟床泥石流启动的结构。将泥石流固体物质阻拦在沟道内是拦挡工程的基本功能，但也存在以下风险：

1.拦蓄了固体物质的拦挡坝，同时也储存了危险的能量。拦蓄了泥石流固体物质的拦挡坝一旦溃决，将产生"零存整取"的不良效应，后果不堪设想。照片1-5所示的拦挡坝已经淤满，但是基础和坝肩槽已遭到侵蚀破坏，有随时溃决的可能。在该照片拍摄此后的一场大雨中，该坝已

照片1-5

经溃决。幸好该坝拦蓄的固体物质较少，溃决后的泥石流只对下游道路产生了冲击破坏作用，未造成人员伤亡。照片1-6所示的是拦挡坝溃决的情况。

照片1-6

2.设置在沟道内的拦挡坝，不论是蓄满的拦挡坝，还是未蓄满的拦挡坝，将长期遭受山洪泥石流的侵袭。拦挡坝建成后的每一次山洪泥石流都将对拦挡坝进行各种形式的破坏作用，所以，客观上要求拦挡工程是一项"冲不垮，砸不烂""永葆青春"的工程。照片1-7所示的钢筋混凝土格栅坝，布设在悬崖陡壁之间的瓶颈部位。照片1-8所示的钢筋混凝土格栅坝顶部结构，前后两排格栅坝用四道联系梁连在了一起，整体性较好，该格栅坝前后两排，桩截面为2 m×3 m，可谓"冲不垮，砸不烂"。

照片1-7

格栅坝的结构形式

照片1-8

3.拦挡工程所处的位置不同，其地形地貌和地质结构也是不一样的。没有两座拦挡工程的地质环境条件是一样的，也没有两座拦挡工程的结构尺寸是相同的。每一座拦挡工程都是一个新的"作品"。

第二节　泥石流拦挡坝与水利大坝的区别

泥石流拦挡坝与水利大坝相比，同样是拦挡坝，但其作用截然不同。泥石流拦挡坝是一种水沙分离器，主要功能是把泥石流中的固体物质拦蓄在坝内，而将洪水通过一定的结构及时排走，即泥石流拦挡坝是"拦沙不拦水"，故拦挡坝坝体承受着泥沙、块石的冲击作用和洪水的侵蚀作用。而水利大坝拦水不拦砂，为了有效蓄水，坝基坝肩都要做帷幕灌浆防渗处理。水库内的泥沙主要通过排砂洞等结构排走。照片1-9所示的是泥石流拦挡坝通过泄水孔排泄坝内洪水的情景。照片1-10所示的是泥石流中固体物质沉淀在了拦挡坝内的情形。

拦挡工程水沙分离的排泄结构有许多种，主要是根据拦挡工程所拦蓄的固体物质组成确定，有孔式排泄结构，有条缝式排泄结构，也有孔与涵洞结合的排泄结构。照片1-11所示的是一种常见的拦挡坝形式，该拦挡坝具有水沙分离作用的基本结构，它由坝体、溢流口、泄水孔和泄水涵洞等组成。照片1-12所示的是具有水沙分离作用的另一种拦挡坝结构，它由坝体、溢流口、泄水条缝和泄水孔组成。

第三节 拦挡工程的设计步骤

拦挡工程应该是泥石流治理工程中一项"固若金汤"的工程。面对苛刻的要求和复杂多变的环境，设计者必须高度重视拦挡工程的设计程序，认真调查拦挡工程位置前、后、左、右的地形地貌和地质结构，充分了解拦挡工程的工程地质条件，使所设置的拦挡工程有效地进行水沙分离，确保拦挡工程长期安全运行。设计程序是保证拦挡坝防治工程效果的关键所在。拦挡工程的设计一般按照以下步骤进行：

坝址选择→坝型和构筑物材料选择→主体结构设计→安全性校核→排泄结构布设→副坝（护坦）设计→翼墙（耳墙）布设→根据所需布设翻坝路。具体包括：

1.按照泥石流固体物质的分布和工程地质条件选择坝址位置。

2.按照拦挡固体物质与泥石流类型选择坝型和构筑物材料。

3.按照泥石流拦挡坝的受力状态初步设计主体结构（坝高；基础的长、宽、深；坝肩形式、胸坡比、背坡比、坝顶宽）。

4.按照相关公式进行拦挡坝安全性校核（抗倾覆、抗滑移、坝身强度、地基承载力），并根据校核结果调整主体结构。

5.按照水沙分离的机理布设好拦挡坝的排泄结构（溢流口，泄水孔，泄水涵洞）。

6.按照拦挡坝坝前坡降和地层岩性选择保护主坝基础的形式（副坝或护坦），并设计副坝（护坦）的结构形式，同时根据坝前两侧山体的地层岩性布设导流墙。

7.按照溢流口下泄泥石流对坝前的冲蚀作用，设计拦挡坝的襟边与施工结合槽的充填。

8.按照坝肩槽的地层岩性以及泥石流对坝肩的破坏机理布设保护坝肩的翼墙或耳墙。

9.根据沟道内或沟道两侧存在的设施、村庄或农田布设翻坝路。

第四节　拦挡坝坝址的选择

一、坝址选择中存在的问题

泥石流拦挡工程的位置选择既重要，又复杂。偌大一条沟道及众多支沟，将拦挡工程布设在什么地方合理？需要认真地踏勘和反复比选方案才能确定。拦挡工程的位置选择得当，将起到事半功倍的作用；位置选择不当，不但起不到应有的作用，还会起到反作用。泥石流拦挡工程坝址选择中存在的主要问题有：

1.拦挡工程位置选择不当

对拦挡工程功能认识不够，目的不清，造成浪费或者不能正常发挥功能作用。对泥石流的三大区域认识模糊，将拦挡工程设置在上游单纯的清水补给区，没有固体物质来源，岸坡稳定、沟床基岩出露，拦挡工程既没有拦沙拦渣作用，又没有稳坡固沟作用。

2.拦挡工程无库容

布设拦挡工程不考虑沟道的纵坡降和地形的高低变化，将拦蓄工程布设在坡度较陡的沟谷中或设置在沟谷的侵蚀台阶以下，拦挡工程库容显著偏小，存在开挖基础和坝肩槽的土石方量大于拦蓄的固体物质方量的现象。

3.拦挡工程设置在了潜在的滑坡崩塌体上

对沟道内的滑坡或崩塌识别不准确，或者没有认真地调查研究，将拦挡工程布设在了潜在的滑坡或崩塌体上，当开挖基础和坝肩时，引发或加剧了崩塌或滑坡的发生，导致无法实施拦挡工程。如照片1-13所示，拦挡坝坝肩设置在了崩塌体上，开挖时会产生崩塌灾害，故坝肩槽深度未达到设计深度，存在安全隐患。

4. 拦挡坝坝肩设置在水槽和冲沟中

选择坝址位置时，顾此失彼，避开了滑坡或崩塌，却将拦挡工程布设在了水槽冲沟中，致使水流冲刷破坏坝肩槽，使坝肩槽失去作用，有可能损坏坝肩导致溃坝。如照片1-14所示，拦挡坝右坝肩前部是崩塌体，不能设置拦挡坝，避开了崩塌滑坡体，却又将坝肩置于水槽中，留下了隐患。

5. 拦挡工程设置在难以成槽的山体上

选择坝址时没有考虑坝肩土的强度，将拦挡工程布设在了易垮塌的松散体上，开挖坝肩时由于垮塌形不成坝肩槽。无坝肩槽的拦挡坝一是容易发生绕坝流；二是失去了对拦挡坝的支撑作用。如照片1-15所示，拦挡坝右坝肩土风化严重，上部为松散体，开挖时怕发生坍塌，坝肩嵌入深度不够，坝肩槽支撑拦挡坝的能力降低，最终被泥石流中的巨石从右坝肩处击溃，造成溃坝。

6. 拦挡工程设置在了坚硬的山体上

对于坚硬的坝肩岩体，人工无法开凿，爆破开挖时震动会诱发山体滑坡、崩塌和滚落碎石，不利于安全施工。因此，大多数拦挡坝因坝肩岩体坚硬无法开挖成坝肩槽，所建拦挡坝没有坝肩。这种没有坝肩槽的拦挡坝，泥石流极易产生绕坝流并产生溃坝事故。照片1-16所示的拦挡坝，左坝肩为坚硬的灰岩，由于坚硬没有形成坝肩槽，一是造成绕坝流；二是由于无坝肩槽，造成扶持拦挡坝的能力降低，最后造成溃坝。

拦挡坝

照片1-13

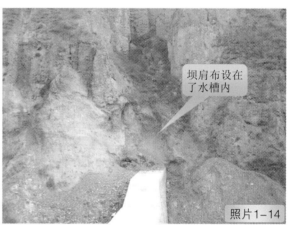

坝肩布设在了水槽内

照片1-14

右坝肩遭巨石冲击而溃坝

照片1-15

拦挡坝

照片1-16

7.泥石流主流方向对准了坝肩处

布设拦挡坝时，未考虑上游泥石流的削峰消能因素，更没有考虑坝肩要避开上游泥石流主流锋芒，只是简单地将拦挡坝布置在坝肩和坝基条件较好的部位，结果上游泥石流主流冲击坝肩，破坏坝肩土，造成溃坝。实践中，许多拦挡坝坝肩损坏与之相关。

8.拦挡工程选择在了不易通行的地段或沟脑部位

布设拦挡工程时，没有考虑"三通一平"对地质环境的破坏作用，致使修建临时道路时，大面积地破坏本已脆弱的地质环境，破坏地质环境的副作用远远大于拦挡工程保护地质环境的正作用。

二、选择拦挡工程位置应考虑的因素

1.从区域上讲，拦挡坝要布置在泥石流形成区的中下部，或置于泥石流形成区与流通区的衔接部位。

2.从地形上讲，拦挡工程应设置在沟床的颈部（肚大口小）、库容量较大的地段，满足使用期的拦蓄要求。如照片1-17所示的拦挡坝设置在肚大口小的部位。其坝工量小，而拦蓄的固体物质多，拦挡坝单位体积拦蓄的物质量大，投资效益高。

照片1-17

3.从控制泥石流的能力上讲，拦挡工程要设置在能较好地控制主、支沟泥石流活动的沟谷地带。这样的拦挡坝既可控制主沟的泥石流，又可控制支沟的泥石流。如照片1-18所示的拦挡坝，右侧为主沟，

照片1-18

左侧为支沟，拦挡坝布设在能控制主、支沟的下游地带，将有效地拦蓄主、支沟的泥石流物质。

4.从控制沟道内的滑坡或崩塌上讲，拦挡工程应该设置在靠近沟岸崩塌、滑坡活动的下游地段。应能使拦挡坝回淤厚度满足稳定崩塌、滑坡的要求。如照片1-19所示，该谷坊坝回淤的固体物质反压在左侧小滑坡的底部，从而提高了小滑坡的稳定性。

照片1-19

5.如果有足够资金支持对整个沟道系统进行治理，这时要考虑抑制沟床下切和沟岸侧蚀的作用，拦挡工程应该从沟床冲刷下切段下游开始逐级向上游地段布设，抬高和拓宽拦挡工程上游的沟床，从而达到防止沟床被继续冲刷、沟岸被继续侧蚀的目的，进而阻止沟岸崩滑活动的发展。如照片1-20所示，淤满的拦挡坝将沟谷约6 m宽度增加到了约60 m，抬高和拓宽了拦挡工程上游的沟床，具有防止沟床被继续冲刷、沟岸被继续侧蚀，进而阻止沟岸崩塌滑坡活动的发展作用。

照片1-20

6.从控制漂石、巨石的目的上讲，拦挡工程应设置在有大量漂砾分布及活动的沟谷的下游，使泥石流的回淤物质覆盖或压埋漂砾或块石，使之难以启动参与到泥石流中。如照片1-21所示，该坝上游发育有约150 m的巨石段，此处格栅坝起到抑制巨石启动的作用，效果非常明显。

7.从岩土体的工程地质条件上讲，拦挡工程应该设置在沟床及岸坡岩土体工程地质条件好，无危岩、崩塌体和滑坡体存在，利于开挖施工的位置。如照片1-22所示，该拦挡坝左右坝肩都为基岩，更重要的是拦挡坝选在了颈部上部，颈部岩体对坝体有支撑作用。

照片1-21

照片1-22

8.从施工角度上讲，拦挡工程宜选在距离材料源较近、运输方便、施工场地较开阔和便于施工及运行管理的地方。

9.从拦挡工程坝肩的稳定性上讲，拦挡工程坝肩应避开集水槽和冲沟，避开断裂构造和破碎带。坝肩岩土体相对完整，有利于形成坝肩台阶，加大摩擦阻力，提高拦挡坝的稳定性。如照片1-23所示，拦挡坝坝肩槽为阶梯状，增加了摩擦面积，对于稳定坝肩有较好的作用。

10.从避免破坏地质环境的角度讲，拦挡工程应尽量选择在修建时环境破坏较小的地段，减少因修建拦挡工程对自然环境的破坏。

11.从拦蓄物质的数量上讲,拦沙坝要设置在沟道较平缓的地段,这样的拦挡坝可拦蓄较多的固体物质量,这是选择拦挡坝坝址的重要条件之一。如照片1-24所示,该坝沟床坡降较小、坝内空间大,拦蓄量较大。

较好的台阶式坝肩槽

照片1-23

照片1-24

12.从避开泥石流主流锋芒上讲,一是拦挡坝要尽量设置在泥石流被削峰消能、对拦挡坝冲击力小的位置;二是泥石流主流方向不能正对着坝肩的位置,这是基本要求。确实避不开时,要在其上游设置导流坝(丁字坝)。

第五节　拦挡坝坝型与构筑物材料选择

沟道内的固体物质是由块石、沙粒、粉粒和黏土等组成的。这些物质与水混合后,将形成泥石流、泥流、水石流等。泥石流固体物质成分不同,对拦挡工程的作用力、冲淤形式和冲击荷载是不同的。如何根据泥石流固体物质组成和实际需要选择好坝型和构筑物的材料,事关泥石流治理工程的成败。坝型选择不当,要么起不到拦挡工程应有的作用,要么造成工程投资的浪费。

一、坝型与建筑材料选择中的问题

一是对泥石流沟道内的颗粒不分析,不研究,不讲条件,不按照沟道内的固体物质颗粒大小设置坝型,而是简单地复制、粘贴前人的坝型。

二是设计者设计经验少,了解的拦挡工程种类较少,设计方案缺少优化。

三是对各类拦挡工程的作用机理没有深入理解,不管是哪种类型的泥石流,统统选择一种结构形式。如照片1-25所示的拦挡坝,坝址合理,施工质量较好,但由于泥石流拦挡坝材料选择了浆砌块石,结

被块石击溃的拦挡坝

照片1-25

果浆砌块石不敌泥石流中块石的冲击而溃坝。

二、合理选择坝型

（一）拦挡坝坝型分类

1.按照功能有拦沙坝、稳坡固沟坝（谷坊坝）、停淤坝。

2.按照拦蓄的物质组成有格栅坝、拦沙坝、土石坝、桩林坝。

3.按照建筑材料有浆砌块石坝、混凝土坝、钢筋混凝土坝、水泥土坝、砂石坝。

（二）以设坝目的选择坝型

1.以拦蓄固体物质为目的，兼稳坡固沟，一般选择拦沙坝，拦沙坝多使用浆砌块石或混凝土重力坝。

2.以固沟稳坡为目的，兼拦蓄固体物质，要选择固沟稳坡坝。固沟稳坡坝多使用浆砌块石或混凝土重力坝。

3.以稳固支沟沟岸侧蚀和沟床下切为目的或以抑制泥石流固体物质启动为目的，多选择谷坊坝，谷坊坝多以浆砌块石重力坝为主。

4.以停淤泥石流固体物质为主要目的，多选择浆砌块石停淤坝。

（三）按照颗粒大小选择坝型

1.浆砌块石坝，以拦蓄一般固体物质为目的，该坝的特点是具有一定的耐冲击性，比较经济，但砌筑质量难以控制。

2.混凝土坝，以拦蓄较大颗粒（块石、漂石）的固体物质为主，该类型的坝具有较高的耐冲击性，工程质量利于控制，但成本高。

3.钢筋混凝土格栅坝，以拦蓄大型块石、漂石和固定巨石、漂石为主，该类型的坝具有极强的耐冲击性，但成本高。

4.水泥土坝（土石坝），设置在介质为细颗粒、冲击作用小的泥流沟道中。

（四）按照泥石流类型选择建筑材料

1.浆砌块石坝

这是使用最多的坝型，适合于各类泥石流、泥流。其特点是建筑材料多，比较经济，但是，其施工质量难以控制。浆砌块石坝可以用于泥石流中块石含量较少、冲击力较小的拦沙坝、固沟稳坡坝和停淤坝等。

2.混凝土坝

由于浆砌块石坝砌筑质量难以保证，近年来兴起了混凝土坝。混凝土坝适合于各类沙石流、水石流。其特点是坝体能承受较大的冲击力，整体性强，施工质量易控制，但其投资较大，主要用于泥石流或水石流中含块石较多、冲击力较大的拦沙坝和固沟稳坡坝等。如照片1-26所示的坝是设在沟道内巨石较多的钢筋混凝土重力坝。

3.钢筋混凝土格栅坝

该坝型适合于水石流。其特点是坝体空隙较大，滤水性能好，坝体坚固耐冲击。可拦蓄含有大型块石和漂石的泥石流和水石流，由于成本高，要谨慎使用。如照片1-27所示，该格栅坝是设在巨石、漂石下游的钢筋混凝土格栅坝，前后两排用联系梁连接，可有效阻滞巨石、漂石启动。

照片1-26

照片1-27

4."金包银"重力坝

该坝型适合于沙石流或土沙流。所谓"金包银"即坝体的中心部分是浆砌块石，外部包30 cm的钢筋混凝土。其特点是既可承受较大的冲击力，又比较经济。可用于拦挡冲击力较大的泥石流、水石流和沙石流，完全可以代替钢筋混凝土坝、混凝土坝，值得推广使用。照片1-28所示的是一座"金包银"坝，外部是30 cm的钢筋混凝土，内部为浆砌块石，既可有效地防止泥石流的冲击，又比较经济。

外包钢筋混凝土

内砌浆砌块石

照片1-28

5.水泥土坝

水泥土坝或土石坝，其特点是坝身大，对环境的影响较大，坝身抗冲击力小。由于筑坝时坝身的密实度难以控制，仅适用于冲击力小的泥流和山洪的拦挡工程。

（五）坝型选择应该注意的几个方面

1.所选坝型应适合泥石流的类型，力求达到最佳使用效果，并能长期使用。

2.所选坝型应能适合坝址处的地形地质条件。

3.尽可能选用结构安全、经济合理的坝型。

4.优先使用技术成熟、无施工特殊要求、便于发挥当地人力和建材优势的坝型。

5.所选坝型应有利于工程施工，便于运行管理。

6.根据泥石流防治学科发展需要，有目的、有计划地选择新坝型、新结构、新材料、新方法。

第二章 拦挡工程的主体结构

拦挡坝的主体结构由坝高、坝顶宽、基础宽、基础深、胸坡比和背坡比组成，其中坝高是关键结构，如图2-1所示。

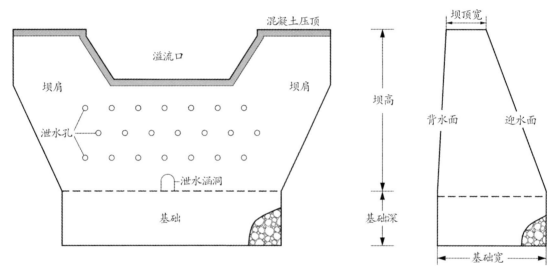

图2-1 拦挡坝综合结构示意图

第一节 拦挡坝设计存在的主要问题

泥石流治理工程中拦挡坝的设计存在的主要问题有以下方面：

1.在拦挡坝的主体结构设计中存在"拍脑袋给尺寸"的情况。无论高坝低坝，所设计的拦挡坝除了坝高、坝宽有差别外，其余尺寸一样。这种设计要么太保守，造成浪费；要么结构尺寸偏小，埋下隐患。

2.对主体结构的安全性校核计算不认真，即便经过校核计算，也不按照校核结果调整坝体结构尺寸。

3.设计的主体结构未考虑主坝的保护形式（副坝或护坦）。无论是护坦还是副坝，其基础埋深是一样的，宽度是一样的，造成不必要的浪费。

4.设计基础底部几何形状时，不了解现代拦挡坝的施工方法，不考虑地层岩性特点，将前人所设计的几何形状照搬照抄。在不适合于非平地形的地基中设置了马鞍形或前低后高型基础形式，在实际施工中难以实现。

5.对泥石流在拦挡坝处的流动状态不做了解或了解不深，将胸坡比和背坡比搞颠倒，这种错误是"硬伤"，在实际中无法修补。

6.拦沙坝与固沟坝坝高的计算公式混淆，大多数用计算固沟坝坝高的计算公式计算拦沙坝坝高。

7.无计划、无目的。对整个拦挡工程和单个拦挡工程拦多少方固体物质和固沟多少米胸中无数，随意确定拦挡坝的数量与各坝的高度。

第二节 拦挡坝的主体结构设计

拦挡工程的类型比较多，这里主要探讨拦沙坝、稳坡固沟坝和谷坊坝的主体结构。其主体结构要素有坝体高度、基础埋深、基础宽度、坝顶宽度、胸坡比和背坡比等。拦挡工程的高度是主体结构设计的核心。拦沙坝和稳坡固沟坝主体结构的主要区别在于坝高。只要坝高确定了，其他主体结构要素的确定是一样的。所以，固沟稳坡坝的其他主体结构可参照拦砂坝的主体结构来确定。

一、拦沙坝与稳坡固沟坝坝高确定

1.按库容确定拦沙坝的高度

无论拦沙坝，还是固沟坝，其高度一般为 $3.0\ \text{m} \leqslant H \leqslant 14\ \text{m}$。超过14 m的拦挡坝，储备的危险能量较大，一旦溃坝，后果不堪设想，故拦挡坝的坝高不宜超过14 m。

拦蓄固体物的拦挡坝多以重力坝为主，所处的沟道以主沟为主，沟道比较平缓，在设计坝高时要考虑本次泥石流治理的拦挡坝中，整体上需要拦蓄泥石流固体物质的总量是多少，分配到每一个拦挡坝的固体物质量是多少，然后根据各个拦挡坝所拦蓄的固体物质量来确定拦挡坝的有效高度，拦挡坝沟床以上的有效坝高的计算图如图2-2所示。

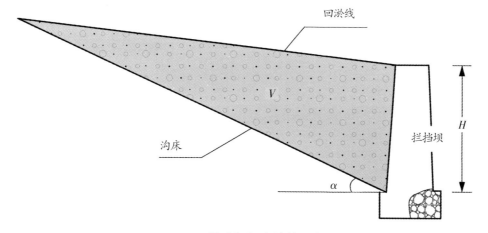

图2-2 拦沙坝坝高计算示意图

拦沙坝坝高的近似计算公式如下：

$$H \approx \sqrt{2V \tan \alpha / B} \tag{1}$$

式中：

V 为拦挡坝需要拦蓄的固体物质量（m³）；

B 为拦挡坝库容部分沟道的平均宽度（m）；

α 为沟床的水平夹角（°）。

2.按照稳坡固沟长度确定坝高

根据拦挡坝的高度应满足回淤后的长度能覆盖压埋所要求的沟道长度，或者回淤后的厚度能够反压住滑坡坡脚或反压住沟岸底部的要求确定本次泥石流治理的拦挡坝中，整体上需要压埋沟道的总长是多少，分配到每一个拦挡坝的压埋长度是多少，然后根据各个拦挡坝所压埋的长度来确定拦挡坝的有效高度。稳坡固沟坝沟床以上的有效坝高计算如图2-3所示。

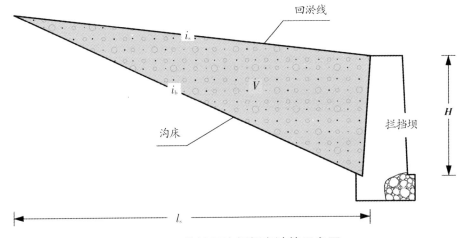

图2-3 稳坡固沟坝坝高计算示意图

稳坡固沟坝坝高的计算公式如下：

$$H = l_s i_b - l_s i_s \tag{2}$$

式中：

H 为沟床以上拦挡坝的有效高度（m）；

l_s 为拦挡坝拦蓄物质需要掩埋的沿沟床的纵向距离（m）；

i_b 为沟床原始纵坡降（‰）；

i_s 为淤积后的纵坡降（‰）；一般 i_s 取 1/2 l_b ～3/4 l_b。

拦沙坝与稳坡固沟坝的坝高确定后，其他主体结构尺寸可以按照与坝高的比例初步确定。

二、拦挡坝的基础宽度

一般来讲，基础宽是坝高的50%～70%。笔者认为，还与坝前设置的是副坝还是护坦有密切关系。若坝前设置了副坝，其基础埋深较大，一般基础埋深≥3.0 m；而基础宽度一般为坝高的50%左右，即为0.5H左右，如图2-4所示。

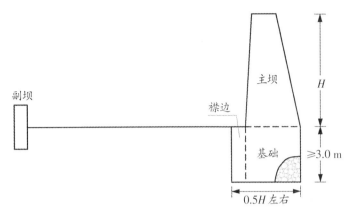

图2-4　副坝式拦挡坝基础宽与基础深关系示意图

若坝前设置的为护坦，其消能和保护基础的机理就发生了根本性变化，其基础埋深一般较浅，当基础埋深≥2.5 m时，拦挡坝需要以襟边形式加大基础的宽度，其宽度为坝高的70%左右，即为0.7H左右，如图2-5所示。

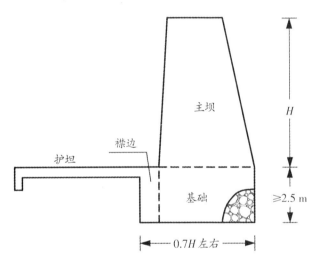

图2-5　护坦式拦挡坝基础宽与基础深关系示意图

三、拦挡坝的胸坡与背坡

由于泥石流内含大量的泥沙和大小不等的石块，通过之处对拦挡坝的磨蚀破坏和冲击破坏较大，按照泥石流在拦挡坝处的流动状态，拦挡坝迎水面只受冲击破坏，不受磨蚀破坏，为了坝体的稳定性，迎水面坡度要大。背水面是泥石流下泄的必由之路，坡度大时溢流口下泄的泥沙将冲击、磨蚀拦挡坝的背水面。如照片2-1

被泥石流磨损的胸坡

照片2-1

所示，该拦挡坝胸坡已经被块石泥沙磨蚀破坏。因此，背水面的坡度要小。拦挡坝坡度根据沟道内泥沙、石块大小的不同和结构形式的不同，拦挡坝的坡度也不同。常用的坡度为：迎水面坡度 0.20～0.60，背水面坡度 0.05～0.20。当泥石流含较多较大的石块时，迎水面坡度取较大值，而背水面坡度取小值；反之，迎水面坡度取小值，背水面坡度取较大值。一般迎水面坡度为 1∶0.3，背水面坡度为 1∶0.1。

四、拦挡坝的顶部宽度

拦挡坝的顶宽与拦挡坝的高度及拦挡坝迎水面的坡度和背水面的坡度相关。拦挡坝有高坝和低坝之分。不管是低坝还是高坝，拦挡坝的顶宽最小为 1.5 m，即坝顶宽 $b \geqslant 1.5$ m。

五、拦挡坝基础的襟边

所谓拦挡坝基础的襟边就是在拦挡坝背水面基础部分设置与基础等宽、等厚、长约 1.0 m 的结构，其建筑材料与拦挡坝基础材料相同，如图 2-4、2-5 所示。实际中这种结构对于保护拦挡坝基础效果非常好。通过分析可知，从溢流口下泄的泥石流，前部为稀性泥石流或洪水，后部为较大容重的泥石流，而容重较大的块石、碎石则是沿着拦挡坝坝前的胸坡而下，跌落在坝跟处，这种襟边结构可有效抗击块石、碎石的冲击作用和磨蚀作用，对保护坝基础起到较好的作用。如照片 2-2 所示，该坝坝前设置了 0.8 m 宽的襟边，较好地保护了拦挡坝的基础。另外，坝前设置襟边，对于拦挡坝的抗倾覆和抗滑移也是非常有利的。

照片2-2

第三节　谷坊坝的主体结构设计

谷坊坝是布设在泥石流形成区支沟内的拦挡工程，其所处的沟道陡峻且狭窄，以固沟稳坡为主要目的。一般谷坊坝坝身低，基础浅，保护基础和消能的防护结构为护坦或消能池，如照片 2-3 所示的是谷坊坝坝前设置了护坦。这种结构有利于谷坊坝的基础保护和泥石流的消能。因此，谷坊坝的基础保护应该首选护坦。

照片2-3

根据经验和相关规范，谷坊坝的坝结构一般为：

1.高≤3 m；

2.基础埋深≥2 m；

3.基础宽度≥2 m；

4.迎水面坡比为1∶0.3，背水面坡比为1∶0.1；

5.坝顶宽度≥1.0 m。

各结构尺寸如图2-6所示。

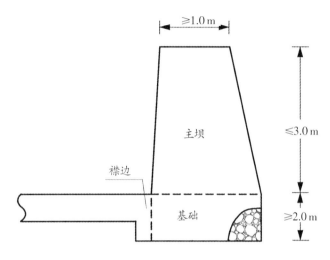

图2-6　谷坊坝主体结构示意图

第四节　高低坝的主体结构设计

所谓高低坝是同一条坝，其基础一段高、一段低。在实际中，泥石流沟道内沟床不但纵向变化多端，有高有低，而且沟道横向上也是高高低低，一边是较深的沟槽，一边是较高的坡台地。这种一边是沟槽、一边是坡台地的地段往往是拦挡坝设置的较好位置。在这样的位置用通常方法设置拦挡坝，坡台地基础开挖量大，砌筑或浇筑坝体的方量大，为了减少坡台地的土方开挖量和坝体基础的砌筑或浇筑量，要根据沟道的实际情况将拦挡坝的基础设置成有高有低，即沟、槽部分基础较深，而坡台地部分基础较高。当然设计高低坝是万不得已的情况下进行的。设置高低坝的条件：

照片2-4

一是沟槽与坡地高差大；二是拦挡坝伸进坡台地的横向宽度大。如照片2-4所示。设计时，沟道中的基础要按照沟道处的地层结构设置基础；台地处的基础要根据台地处的地层结构设置基础，这样处在台地上的基础要高于沟道内的基础。高低坝的设计重点是处理好基础形式和坝肩保护措施。

1. 高低坝的结构

坝顶标高处在同一高程上，而基础高程不一样；高低坝的基础形式与埋深相同，而基础的宽度，台地比沟道的窄。

2. 高低坝坝肩的保护措施

高低坝的坝肩保护是至关重要的，特别是迎水面沟台之间的坝肩要进行可靠的保护。其他两侧的坝肩保护与正常的坝肩保护一样。

3. 高低坝其他结构的设计

高低坝的溢流口、泄水孔、泄水涵洞等要设置在沟道所处的坝体上。

以上只是根据坝高设计的拦挡坝的初步尺寸，不是唯一的尺寸。无论哪种类型拦挡工程的主体结构，最终都以校核计算为主，有关校核计算这里不再赘述。

第五节　拦挡坝安全可靠性的校核重点

笔者在检查、验收拦挡坝的过程中发现，拦挡坝的破坏形式主要有五个方面：

一是从坝肩处破坏。大多数是从坝肩的下部破坏，进而向坝肩的上游延伸破坏，最终造成溃坝。

二是从基础处破坏。泥石流冲蚀掏蚀拦挡坝地基，使基础悬空而溃坝。

三是浆砌块石坝身破坏。泥石流冲击荷载首先击溃低强度的砂浆体，进而剥离块石，最终形成溃坝。

四是拦挡坝基础下沉破坏。由于地基承载力不够，使基础形成不均匀沉降，致使坝身下沉开裂，最终造成拦挡坝溃决。

五是从拦挡坝溢流口处破坏。强大的泥石流在通过坝顶时，向下磨蚀破坏拦挡坝，最终造成溃坝。

实际中没有发现拦挡坝有倾覆或滑移的破坏情况。因此，拦挡坝的校核要将地基的承载力和泥石流对坝体的冲击破坏作为主要内容进行校核计算。其校核计算可参考原《泥石流防治工程设计规范》（T/CAGHP 006—2018）及《泥石流防治指南》推荐的泥石流流体动压力和泥石流中大石块冲击力公式等。

第三章 拦挡坝泄流结构

拦挡坝除了主体结构外，还要设置溢流口、泄水涵洞、泄水孔等排泄结构，其目的是及时有效地排泄泥石流中的洪水和拦挡坝蓄满后泥石流的安全溢出。照片3-1所示的是浆砌块石拦挡坝，其排泄结构由溢流口、泄水孔和泄水涵洞组成。

照片3-1

拦挡坝排泄结构的作用如下：

1.溢流口是拦挡坝蓄满泥石流后泥石流的溢出通道。

2.泄水涵洞是拦挡坝下部泥石流中洪水的通道，同时也是施工时坝前、坝后的人行通道。

3.泄水孔是整个拦挡坝坝身排泄洪水的通道。

在实际中，除了溢流口外，设计人员要根据实际需要在拦挡坝坝体上设置各种排泄结构。可以设计泄水孔与泄水涵洞结合的排泄结构；也可以设计泄水条缝与排泄孔结合的排泄结构；还可以设计格栅缝隙的排泄结构。总之，排泄结构既要及时有效地排泄坝内泥石流中的洪水，同时要保障坝体的整体性和稳定性。

第一节　溢流口

溢流口是拦挡坝的重要结构，它是泥石流的排泄通道。当拦挡坝蓄满泥沙后，沟道内泥石流要通过溢流口排泄到拦挡坝的下游，溢流口还可以改变泥石流在坝顶的流动方向。当拦挡坝蓄满后，溢流口将长期遭受泥石流的磨蚀和冲蚀破坏。所以，溢流口的位置、宽度和高度的设计非常重要。合理的溢流口，一是能及时排泄过坝的泥石流；二是不产生浪费；三是防止下泄泥石流对坝肩和基础的破坏。溢流口的过流断面是通过计算得来的，要与通过溢流口的最大流量相匹配。

一、溢流口设置存在的问题

根据观察和分析，既有拦挡坝溢流口设置主要存在以下几个方面的问题：

1. 不重视溢流口的平面设置

有相当一部分拦挡坝的溢流口设置是随意的、无原则的。有的溢流口的位置只是设置在了拦挡坝的中间部位，而溢流口的高与宽搭配很不合理，与拦挡坝整体不协调，功能发挥欠佳。有的泥石流沟道中所设置的拦挡坝不分沟前沟后，溢流口高度是一样的，宽度是一样的，过流面积也是一样的。

2. 溢流口宽度小、高度大

最普遍存在的问题是拦挡坝的溢流口宽度小、高度大。其弊端有二：一是造成拦挡坝的有效高度降低，减小了拦挡坝的拦蓄量；二是造成工程投资浪费。因为每一座拦挡坝都有符合该拦挡坝的过流面积，当溢流口宽度较小时，势必增加溢流口的高度。当溢流口的高度增加时，就要增加坝肩的高度，或者降低拦挡坝溢流口的高度。这样就降低了拦挡坝的有效高度，减少了拦挡坝拦储量。同时，当溢流口宽度较小时，加大了两侧坝肩的长度，坝肩长度的增加就意味着增加了拦挡坝的圬工量，势必造成工程投资浪费。照片3-2所示的是一座典型的溢流口较窄的拦挡坝，其左坝肩、右坝肩长度近8m，而溢流口只有4.0m左右。

另外，溢流口窄而深，则溢流口单位宽度上的流量大，泄流速度快，射程远。如坝前是副坝，则冲蚀坑大，拦挡坝基础就要加深，也就增加了圬工量；如坝前是护坦，则护坦要加长，同样增加了建筑材料。两者都造成了工程投资的浪费。

照片3-2

3. 溢流口过宽

溢流口宽可以增加过流能力，提高拦蓄量，但是如果溢流口宽度大于沟道的宽度，大于拦挡坝的基础长度，那么溢流口下泄的泥石流会冲刷坝肩槽和拦挡坝的基础，严重时会损坏坝肩，造成溃坝。照片3-3所示的拦挡坝坝肩只有1.0m左右，溢流口的宽度大于沟床和拦挡坝基础的长度，溢流口下泄的泥石流会冲蚀破坏坝肩，进而破坏拦挡坝，有可能形成溃坝。

照片3-3

二、溢流口的设置原则

溢流口宽度的设置原则为：一是从溢流口下泄的泥石流不能冲蚀坝肩，这是最主要的原则；二是如果拦挡坝下游设置了导流槽，则下泄的泥石流需要完全进入导流槽中。在满足上述原则的基础上，溢流口越宽越好。溢流口宽了，溢流口每米宽度上的流量小，射流距离小。如果坝前设置的是护坦，则可以将护坦设置得短而薄；如果坝前设置的是副坝，在小流量、小流速的作用下，其冲蚀坑小，坝基础可设置得浅一些。

总之，拦挡坝的溢流口设计要通过计算，既要安全可靠，又要经济合理。

三、溢流口的设计步骤

确定拦挡坝基础长度（或导流槽的宽度）→确定溢流口宽度→计算确定溢流口处的流速和流量→确定溢流口的截面积→试算溢流口的泥痕高度→确定溢流口的高度。

1.确定溢流口的宽度

当我们设计拦挡坝基础长度时，正是确定溢流口的宽度时机。溢流口的宽度要小于坝基础长度，一般小于基础长度左右各 1 m 较为合理，这是确定溢流口宽度的关键所在。例如设计拦挡坝的基础长度是 20 m，则溢流口的宽度为 18 m，如照片 3-4 所示，蓝线之间是溢流口的宽度，红线是基础的宽度，从拦挡坝溢流口下泄的泥石流不会冲击、破坏坝肩和基础。

如果坝前设置了导流槽，溢流口的宽度不能大于导流槽的宽度，以溢流口下泄的泥石流落入导流槽中为原则。如照片 3-5 所示的拦挡坝，溢流口下泄的泥石流跌落进了导流槽内，溢流口宽度比较合理。

照片3-4

照片3-5

2.确定溢流口处的流速和流量

泥石流灾害勘查报告中提供了各拦挡坝处的过流流量和流速，设计者可校核后采纳，这里不再赘述。

3.确定溢流口的截面积及高度

拦挡坝溢流口的过流断面一般有矩形和倒梯形，其几何形态比较规整。因此，计算各项参数时，一般可由以下两个公式进行简单快速的计算。

$$H_c = \frac{F_c}{B_c} + H_0 \tag{5}$$

$$F_c = \frac{Q_c}{V_c} \tag{6}$$

式中：

F_c 为泥石流过流断面面积（m²）；

Q_c 为过坝泥石流的流量（m³/s）；

V_c 为过坝泥石流的流速（m/s）；

H_c 为溢流口的泥痕高度（m）；

B_c 为溢流口的宽度（m）；

H_0 为溢流口的安全超高（m），一般取 0.5 m。

其计算图如图 3-1 所示。

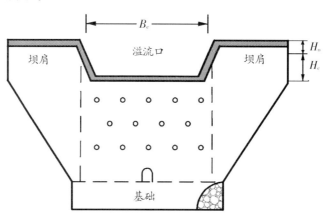

图 3-1　溢流口宽度与基础宽度的关系示意图

4.溢流口高度的较精确计算

由于溢流口处流速与溢流口泥痕高度紧密相连，泥痕的高度还可以用公式（7）和公式（8）计算。

$$V_c = \frac{1}{\sqrt{\gamma_H + 1}} \cdot \frac{1}{n} \cdot H_c^{2/3} \cdot I_x^{1/2} \tag{7}$$

式中：

γ_H 为固体物质的重度；

H_c 为计算断面的平均泥深（m）；

I_x 为泥石流水力坡度（‰），取沟道坡降的 1/2～1/3；

n 为泥石流沟床的糙率系数。

$$Q_c = (1.77B_c + 1.2H_c)H_c^{2/3} \tag{8}$$

式中：

Q_c 为过坝流量（m³/s）；

B_c 为溢流口底宽（m）；

H_c 为溢流口过流深度（m）。

如果经过一次计算的溢流口的高度不准确，要经过进一步试算才能确定。照片3-6是一座溢流口宽度设置较好的拦挡坝，其优点：一是溢流口下泄的泥石流不破坏坝肩；二是提高了溢流口的高度；三是坝肩长度较小，显著地节约了材料，有效地提高了拦挡坝单位体积拦蓄的固体物质量，值得参考。

照片3-6

四、溢流口的位置

1.溢流口在平面布置上尽量设置在拦挡坝的中间部位，并与流体主流线垂直，这是基本要求。

2.溢流口在拦挡坝左右位置是"看下不看上"，即溢流口下泄的泥石流与拦挡坝下游的沟道相配合，泥石流的流向要与拦挡坝下游的沟道方向相一致；如果溢流口下游沟道是斜的，溢流口的方位要尽量与坝下沟道方向一致，这时的溢流口与拦挡坝不是垂直相交，而是斜交。

第二节　泄水孔

泄水孔是拦挡坝水沙分离的主要结构，其主要功能是将固体物质被拦蓄后泥石流中的洪水排走。为了能及时有效地排走坝内的洪水，减少洪水在坝内的停留时间，精心布设泄水孔的位置、大小、几何形状及数量是泄水孔设计的主要内容。

一、泄水孔布置中存在的主要问题

1.泄水孔的位置

有些设计中对泄水孔的作用认识不清楚，导致无原则、无章法地随意布置泄水孔，有的泄水孔竟然布置在了坝肩上，当泥石流进入坝内后，低容重的洪水要通过泄水孔排出坝内，如果泄水孔在坝肩上，则排泄出的洪水会冲刷坝肩土，当坝内洪水较多时，冲刷坝肩土的时间会较长，这样长期冲刷坝肩土，就会造成溃坝现象。如照片3-7所示的拦挡坝，右坝肩多设置了4个泄水孔，左坝肩多设置了5个泄水孔。从右坝肩的两个泄水孔下泄的洪水已经冲蚀、破坏了坝肩，发展下去该拦挡坝有溃坝的危险。

照片3-7

2.泄水孔布置不均匀

工程实践中经常发现有些泄水孔设置或偏高或偏低，导致坝内洪水不能及时排走，长期储存浸泡、侵蚀、破坏坝肩和坝体，有造成溃坝危险。照片3-8所示的是拦挡坝上部没有泄水孔，积水不能及时排出拦挡坝，侵蚀、毁坏坝肩。照片3-9所示的是泄水孔设置不合理，拦挡坝上部缺少泄水孔，导致洪水将左坝肩泡塌，右坝肩也岌岌可危。在该照片拍摄四年后的一次检查中，发现该坝右坝肩底部被掏空。被掏空部分成为泥石流的通道。如照片3-10所示。

照片3-8

洪水泡塌
的左坝肩

照片3-9

照片3-10

3.泄水孔几何尺寸偏小

工程实践中还发现部分泄水孔设计偏小，易发生堵塞，洪水不能排走，拦沙坝成了拦水坝，拦挡坝存在诸多隐患。如照片3-11所示和照片3-12所示，该拦挡坝由于泄水涵洞和泄水孔设置不合理，泄水孔直径为100 mm，下部没有泄水涵洞，再加之泥石流固体物质多为片状的千枚岩，泄水孔很快被堵塞，坝内的洪水无法排泄走，成了水库，留下了安全隐患。

照片3-11

拦挡坝

照片3-12

4.泄水孔形状不规范

有些泄水孔设计为方形，给施工造成困难，所实施的泄水孔高低不平，封闭不严，造成泄水孔渗漏，浸泡坝体，影响坝身质量。照片3-13所示的是真实情况下修建方形泄水孔，由于浆砌块石不容易支模，一般用较大石块搭建方孔，漏洞百出，洪水通过时，渗入到坝体内，破坏坝体。因此，改进拦挡坝泄水孔几何形状势在必行。

照片3-13

二、泄水孔合理设计

泄水孔是低重度洪水的通道，是水沙分离的重要结构。泄水孔布设的主要内容有：泄水孔的分布、泄水孔的尺寸、泄水孔的数量与泄水孔的几何形状等。

1. 泄水孔的分布原则

（1）泄水孔的宽度不能超过大坝基础的长度或导流槽的宽度；

（2）泄水孔的高度不宜高出溢流口底边；

（3）泄水孔要均布，泄水孔的位置以排水涵洞与溢流口的位置之间均布。照片 3-14 所示的拦挡坝泄水孔布设比较合理。泄水孔的宽度小于溢流口的宽度，也小于导流槽的宽度。泄水孔的位置分布、数量、几何形状都比较协调，搭配合理，值得参考。

照片3-14

2. 泄水孔的数量与布设

（1）泄水孔的数量

泄水孔的数量和大小以能及时排走坝内的洪水为原则，不宜过多，过多会降低拦挡坝的强度。但是也不能偏少，偏少将不能及时进行水沙分离。根据经验，拦挡坝泄水孔和泄水涵洞的面积不宜大于泄水孔和拦挡坝泄水涵洞分布区域面积的15%左右（经验值）。在这个比例的情况下，布设的泄流结构既不影响拦挡坝的整体强度，又能较好地排泄坝内的洪水。

（2）泄水孔的行列距

一般泄水孔的行列距原则上为1.5 m×2.0 m。上下行按照品字形交错排列。1.5 m×2.0 m是布设泄水孔的原则数据，不是唯一的数据。一定要根据拦挡坝的实际尺寸和泄水需要确定。

实践中，为了泄水孔功能的最大发挥以及坝面上的结构体协调美观，在确定了左右两侧泄水孔的位置后，应先确定顶行和底行的位置，中间各行均匀布置。值得注意的是底行的泄水孔不能布置在泄水涵洞的顶部，这样可避免自泄水涵洞顶部、泄水孔一直到溢流口产生贯通性裂缝，影响拦挡坝的整体强度，这方面的实际例子很多。如照片 3-15，顶行距离溢流口向下1 m；底行离泄水涵洞顶部向上向左向右各1 m。这样的分布避免了由于泄水孔分布不

泄水孔向上向
左、向右各1m
照片3-15

合理使拦挡坝产生应力集中的弊端。

总之，泄水孔要均匀地布置在溢流口以下、泄水涵洞以上，左右不超过基础长度或导流槽的宽度。如图3-2所示是泄水孔布设的尺寸示意图。

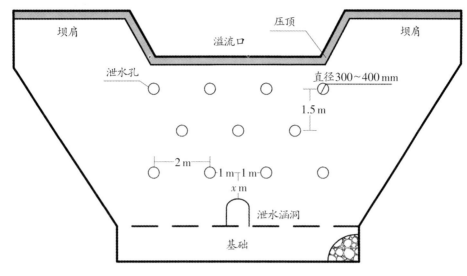

图3-2　拦挡坝泄水孔分布示意图

（3）泄水孔的几何形状

实际中发现有些拦挡坝的泄水孔为方形，方形孔施工时要支模板，殊不知，在高低不平的浆砌块石面上频繁地支模、拆模，修建泄水孔，质量难以保证，而多数则是利用较大石块垒成方孔，石块之间密封不严，漏洞百出，漏失严重。通过方形泄水孔的洪水会渗水，浸湿、破坏浆砌石，影响坝体质量。对于浆砌石拦挡坝上设置的方形泄水孔，几乎都存在这方面的弊端。为了便于施工泄水孔，防止泄水孔的渗漏，最好使用圆形泄水孔。

（4）泄水孔的材料选择

一般情况下，泄水孔使用塑料波纹管比较好，塑料波纹管经济实用，便于施工，可有效保证施工质量。目前正在广泛使用的是PVC金属波纹管，其材质好，强度高，施工中不易被挤压破坏。如照片3-16所示的直径300 mm的PVC波纹管，既经济又实用。

照片3-16

（5）泄水孔的几何尺寸

泄水孔的几何尺寸涉及的因素众多，主要根据泥石流的类型来确定，对于细颗粒的泥流，泄水孔的直径以200 mm左右为宜，对于粗颗粒的泥石流，泄水孔直径300～400 mm比较合理。

第三节　泄水涵洞

泄水涵洞是拦挡坝水沙分离的重要结构，与泄水孔一样，是拦挡坝下部坝内洪水排泄的通道。

一、泄水涵洞的优点

1.一般来讲，泥石流的前部是洪水，后面是重度较大的泥石流。为了及时快速排走泥石流前部的洪水，在拦挡坝的下部设置过流面积较大的泄水涵洞比较合理。如果下部是泄水孔，将不能及时排走洪水而将洪水拦在了坝内，不利于拦挡坝的安全。

2.对于长流水沟则必须设置泄水涵洞，这样能有效而快速地将沟内水流通过泄水涵洞输送到下游。

3.泄水涵洞在建坝时是施工人员坝前坝后的通道，便于施工。拦挡坝未淤时可供一般人员通行。

需要说明的是：泥石流不会因为泄水涵洞大而不堵。泥石流经拦挡坝阻拦后，经过排水涵洞的流速减慢，泥沙会逐渐沉淀堆积，堵塞泄水涵洞。

二、泄水涵洞设置中存在的问题

1.不设泄水涵洞

有些长流水沟中的拦沙坝没有设置泄水涵洞，而设计的泄水孔既小又少，不能及时排走洪水，拦沙坝成了拦水坝，安全隐患逐步显现，如照片3-10和照片3-11所示。

2.泄水涵洞与坝身不协调

有些拦挡坝高度较小，应该设置小型泄水涵洞或涵管，而设计者采用了较大尺寸的涵洞，一是不协调，二是降低了坝体的强度。照片3-17所示的拦挡坝，该坝属于低坝，设置的泄水涵洞高达1.5 m，宽度大于2 m，拦挡坝泄水涵洞的顶部到溢流口的底边不到1.0 m。这样的拦挡坝既拦蓄不了固体物质，又降低了拦挡坝的强度。既不合理，又不安全。

照片3-17

3.泄水涵洞数量偏少

设计中有这种现象，无论是较短的坝，还是较长的坝，只设置一个泄水涵洞，且为一种结构，影响其泄洪能力。如照片3-18所示的拦挡坝，该坝宽达40 m左右，其泄水涵洞只有一个。只有一个泄水涵洞的长坝，一是排泄泥石流的能力不够；二是拦挡坝蓄满后不能及时排泄渗水。对于这样的低坝，应该在底部设置一排泄水孔为宜。

照片3-18

4.泄水涵洞几何形状单一

一些拦挡坝，不论坝高坝低，所设计的泄水涵洞都是一个结构，一个尺寸，下部1 m见方，上部为半径0.5 m的半圆形。

三、泄水涵洞设计要点

1.泄水涵洞的形状

虽然泄水涵洞有其无法比拟的优点，但是，不是任何坝都可以设置同一标准的泄水涵洞。而要以及时排泄走拦挡坝下部的洪水为主要目的，以不影响拦挡坝整体的稳定性为前提，同时要考虑与拦挡坝的坝身相协调。笔者认为，对于较高（有效坝高大于5 m）的拦挡坝，在其下部设置标准的泄水涵洞是合理的。而对于较低的坝，要设置大小与拦挡坝相协调的其他几何形状的泄水涵洞，如直径1.0 m的涵管，或其他尺寸的圆形泄水涵洞。其过流断面要按同类工程类比确定。

2.泄水涵洞的位置

一般泄水涵洞的位置在拦挡坝的中间，坝的两边相对称。在实际工作中泄水涵洞的位置"看上不看下"，即要设置在上游主沟道的中间位置，也就是说与上游沟道的主流方向相一致，这样可有效地排泄洪水。

3.泄水涵洞的数量

拦挡坝泄水涵洞的尺寸与数量要根据坝址处的过流量计算。根据经验，当拦挡坝较长、沟道较宽的时候可以设置多个涵洞。如照片3-19所示的拦挡坝，坝体宽约45 m，布设了三处1.2 m高的泄水涵洞，其排泄能力强，美观大方，各结构协调性好，比较合理。

照片3-19

4.泄水涵洞与泄水孔的配合使用

对于较长的拦挡坝，除了设置足够的泄水涵洞外，还要在泄水涵洞两侧设置一定量的泄水孔，这样既能排泄泥石流，又能通过泄水涵洞和泄水孔排泄拦挡坝蓄满后固体物质中的渗水。

四、谷坊坝的泄水结构

设置在支沟内固沟护坡的谷坊坝或者主沟内的低坝，其坝体较小，有效高度≤3 m，按照常规的办法设置泄水涵洞，那就大错特错了，如果按照常规的办法设置标准的泄水涵洞（下部1 m见方，上部半圆形），泄水涵洞顶部的实体高度大大减小，其坝体的强度也将随之降低，在泥石流的冲击下有可能损坏，存在溃坝的隐患。如照片3-20所示，在谷坊坝上按照拦挡坝的布设方法布设了1.5 m高泄水涵洞，同时涵洞上面又布设了ø300 mm的泄水孔，大大降低了谷坊坝的强度，在泥石流的冲击下有可能被击溃。

笔者认为，由于谷坊坝长度小，坝身低，不宜设置泄水涵洞，其水沙分离结构要以泄水孔为主，泄水孔的分布间距、大小与一般拦挡坝的相同。且下部一排泄水孔位置与自然地面一致。如照片3-21所示，谷坊坝高度为3.0 m左右，在坝体上只设置了两排ø300 mm的泄水孔，其结构分布比较合理。

照片3-20

照片3-21

对于长流水沟道的谷坊坝，为了及时排泄沟道内的流水，可在谷坊坝的底部设置较小的预制涵管，以防止水流对坝基及坝肩的破坏。如照片3-22所示的是除了在坝体上设置了两排ø300 mm的泄水孔外，由于该沟道为长流水沟道，故在谷坊坝的底部设置了ø500 mm的涵管。

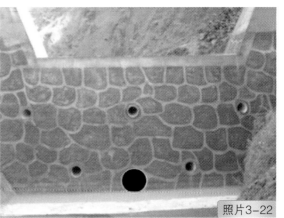

照片3-22

第四节　拦挡坝压顶

浆砌块石拦挡坝溢流口部分的混凝土压顶是拦挡坝的一个重要组成部分。溢流口是泥石流的必经通道，势必遭到泥石流磨蚀、冲击破坏。因此，溢流口压顶设置成耐磨的混凝土或钢筋混凝土是非常必要的。

一、拦挡坝压顶存在的问题

1.设置的混凝土压顶强度低，厚度小。实际中，发现有的拦挡坝压顶的混凝土强度低、厚度小。其结果是：当拦挡坝蓄满后，泥石流中的石块、泥沙冲击、磨蚀拦挡坝溢流口压顶。由于压顶强度不高，石块、泥沙很快磨蚀了压顶，进而冲击、破坏了坝体。如照片3-23所示，该坝修筑时间较早，砌筑质量较好，但由于该坝的混凝土压顶质量不过关，在一次大型的泥石流中最多处被磨蚀了2 m左右，露出了浆砌块石坝身，由此可见泥石流冲击、磨蚀能力之强大。

2.有相当多的拦挡坝压顶用砂浆或浆砌块石代替混凝土压顶。当泥石流通过时，很快磨蚀、破坏压顶，进而破坏拦挡坝整体。如照片3-24所示，压顶不是高强度的混凝土，而是用砂浆在浆砌块石上做了一个假的压顶，结果被泥石流磨蚀破坏。如不加以修补，泥石流必将很快磨蚀大坝，发生溃坝。

照片3-23

照片3-24

3.压顶设计不完整。有些拦挡坝只在溢流口部分设置了压顶，两侧坝肩没有压顶，这无疑也给拦挡坝的保护留下了隐患。殊不知，流域内泥石流的流量很难计算精确，泥石流往往从坝顶漫流而过。所以对整个坝顶设置混凝土压顶是必要的。

4.有些设计者对拦挡坝压顶的作用不理解，将坝肩的压顶设计成了混凝土，而溢流口部分没有设置混凝土压顶。这样的拦挡坝不但缺少了应有的工程寿命，而且是留有隐患的"缺陷工程"。

二、合理的拦挡坝压顶

1.作为拦挡坝的设计者、施工者，应高度重视拦挡坝的压顶设计和施工。拦挡坝混凝土压顶不能以砂浆代替。

2.压顶混凝土强度应≥C30，压顶厚度≥30 cm。如果泥石流中有较大的石块，溢流口部分应设计成耐磨的钢筋混凝土，以提高压顶的耐磨性和耐久性。照片3-25所示的拦挡坝在溢流口上设置了混凝土压顶，强度为C30，厚度为30 cm，比较合理。

照片3-25

3.对于含块石较多的泥石流，拦挡坝压顶宜设置成钢筋混凝土，以增加压顶的耐磨性。

4.对于施工者，杜绝在拦挡坝砌筑施工结束后，用剩余的砂浆加不合格的粗骨料拌和后的次品进行压顶工程，更不能用砂浆代替高强度的混凝土。

实际中，有些泥石流沟道内的泥石流流量无法精确估算，更多的时候溢流口无法满足泥石流的流量，常常发生满坝流现象。所以混凝土压顶要含溢流口两侧的坝肩部分。实际上这部分的圬工方量较小，应该全部设置。

第四章 拦挡坝的坝肩保护

第一节 坝肩保护

一、拦挡坝坝肩保护的重要意义

泥石流沟道内修建了拦挡坝，它将长期遭受泥石流的侵蚀破坏。拦挡坝在拦蓄固体物质的同时，也储存着危险能量。因此，拦挡坝应该是"固若金汤"的工程，要经得住泥石流的多次侵袭而屹立不倒，这就需要做好拦挡坝的保护工作，使其能长期安全运行。实践证明，影响拦挡坝安全运行的因素除了拦挡坝的基础外，还有拦挡坝的坝肩。有相当一部分拦挡坝首先是坝肩遭到侵蚀破坏，然后溃坝。照片4-1所示的是拦挡坝左坝肩与坝肩土结合不紧密，使坝肩遭到泥石流破坏，进而造成溃坝。照片4-2所示的是拦挡坝右坝肩破坏引起的拦挡坝溃决。在实际中，设计者往往忽略了拦挡坝的坝肩保护设计，只用最简单的夯填坝肩槽来保护拦挡坝的坝肩。殊不知，现代大型机械施工，大多数情况下，坝肩土是形不成坝肩槽的，而是一处"掌子面"，这样坝肩接触的是单面，单面接触的"不足"，常常造成泥石流直接侵蚀破坏坝肩，形成绕坝流。因此，我们在设置拦挡坝时，一定要将坝肩的保护措施作为拦挡坝的主要组成部分进行设计。

照片4-1

照片4-2

二、拦挡坝坝肩破坏的原因

拦挡坝溃坝的原因很多，但最主要的原因之一是坝肩破坏。拦挡坝坝肩破坏的原因主要有以下几种情况。

1.泥石流侵蚀破坏坝肩土

对于泥石流固体物质一次性淤满的拦挡坝，坝肩裸露时间短，泥石流冲蚀坝肩土的时间短，坝肩遭到破坏的概率小，坝肩相对安全，主坝也就安全。照片4-3所示的拦挡坝库容是一次淤满的，坝肩得到了压埋，泥石流对坝肩的破坏已经消除。但是一次性淤满泥石流固体物质的拦挡坝毕竟是少数。大多数的拦挡坝是经过多次冲淤才能蓄满拦挡坝。照片4-4所示的拦挡坝只淤积了一部分，拦挡坝右坝肩遭受洪水的浸泡后，发生小型滑坡。如果坝肩长期遭受侵蚀破坏，就会有绕坝流的产生，进而破坏坝肩，破坏坝体。

照片4-3　　　　　　　　　　　　照片4-4

2.坝肩岩土体坚硬，开挖困难，形不成坝肩槽

我们知道，拦挡坝的位置往往选在"肚大口小"的峡谷之中，两边山体陡峻，沟坡岩土体坚硬，机械难以开槽，如果改为爆破开挖，由于震动也会引发山体垮塌，所以遇到这种坚硬地层时，同样也是难以形成镶嵌槽，达不到设计目的。照片4-5所示的是坝肩土坚硬无法开挖坝肩槽，只能用浆砌块石在坝肩外围进行补强加固。

照片4-5

3.坝肩土破碎形不成坝肩槽

当拦挡坝的坝肩土为比较松散的残坡积碎石土时，机械开挖坝肩，就会发生垮塌。当坝肩开挖尺寸达到设计要求时，未能形成坝肩槽，坝肩与山体的接触不是镶嵌槽，而是一个面的时候，坝与山体就很难结合紧密，无疑存在安全隐患。没有坝肩槽的坝肩一

泥石流防治工程常见问题及其对策研究

遇到泥石流，必然被冲击或者侵蚀，形成绕坝流，进而造成溃坝。照片4-6所示的是坝肩岩体破碎，机械开挖时形不成坝肩槽，而是"掌子面"。照片4-7所示的是坝肩处在砂岩山体上，坝肩开挖将诱发岩体下滑，好在设计者在拦挡坝坝肩中下游用锚杆格构对拦挡坝进行了支挡加固处理。

通过以上分析可知，泥石流拦挡工程的坝肩由于受泥石流的冲击、冲蚀和侵蚀，会降低拦挡坝坝肩土的强度。由于沟道两侧地层结构形不成坝肩槽，嵌岩不紧密，从而形成绕坝流，就会存在溃坝隐患。

第二节 坝肩的加固和保护方法

在实际中，在拦挡坝坝址的选择中，往往很难选到各方面条件都比较合适的位置，有些尽管坝肩条件不理想，但是其他条件尚可，我们不得不将拦挡坝放置在此地。对于这样的拦挡坝，需要根据坝肩土的类型，对坝肩采取加固措施或者设置人工坝肩槽，改进与提高坝肩的稳定性，可避免泥石流的侵蚀，使之不产生绕坝流，保证拦挡坝安全运行。

加固与保护坝肩的方法很多。近年来，甘肃省的地质灾害防治工程技术人员根据坝肩土的类型，创造性地采用锚杆加固坝肩的方法和利用"翼墙"和"耳墙"等保护坝肩槽的方法，取得了较好的效果。

一、基岩坝肩锚杆加固措施

用锚杆措施加固坝肩主要针对的是基岩坝肩。锚杆加固坝肩的适用条件：一是坝肩岩体坚硬，刻取坝肩槽比较困难；二是运输条件较好，锚杆加固设备能够运到现场；三是拦挡坝主体必须是整体性好的混凝土坝或钢筋混凝土坝。

锚杆加固坝肩的机理就是将数排锚杆的一端固定在山体内，另一端固定在拦挡坝体内。这样锚杆将坝体与山体连成一体，提高了坝体的抗倾覆和抗滑移能力，从而提高了坝肩强度。其加固方法是：先用风镐钻进锚杆孔至设计孔深，再向孔内注满砂浆水泥，最后插入金属杆件。锚杆长一般为6 m左右，3 m固定在基岩山体中，3 m固定在坝体中。

利用锚杆加固基岩坝肩，锚杆的受力状态是剪切力，金属杆件直径要≥25 mm，而锚孔直径≤50 mm，这样一般风镐就能实施。笔者认为，最好的办法是利用药卷锚杆加固坝肩种锚杆，这更便于施工，利用药卷锚杆减少了注浆的环节，即减少了注浆设备。照片4-8所示的是施工人员正在坚硬的灰岩坝肩体上用风镐施工小型钻孔。照片4-9所示的是部分锚杆已经插进了锚杆孔中，另一部分在坝体内，将被混凝土浇筑成一体。如图4-1所示的是小锚杆加固坝肩的示意图。

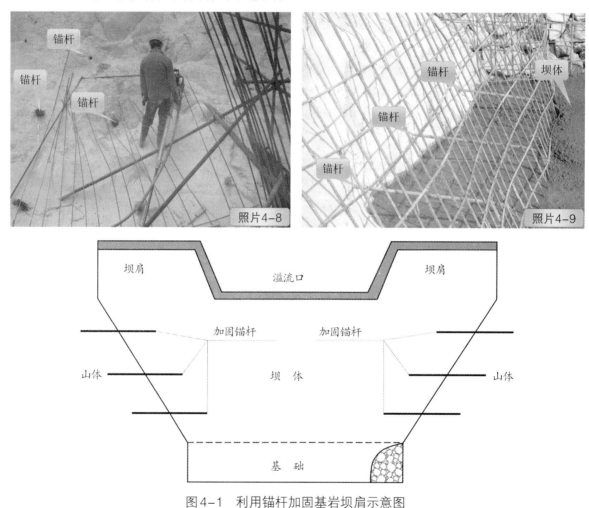

图4-1　利用锚杆加固基岩坝肩示意图

二、利用翼墙加固坝肩

利用翼墙加固坝肩是加固坝肩最常用的方法之一。翼墙就是在拦挡坝坝肩的迎水面或背水面利用一定结构的浆砌块石或混凝土结构体将坝肩保护起来。翼墙有迎水面的翼墙，也有背水面的翼墙，迎水面的翼墙一是起充填施工遗留槽的作用；二是利用翼墙将泥石流与薄弱的坝肩土隔开，从而起到保护坝肩、防止绕坝流的作用。背水面的翼墙一是起充填施工遗留槽作用；二是起坝肩槽的作用，对拦挡坝坝肩起扶持作用，从而提高拦挡坝的抗倾覆与抗滑移能力。

在实际中，大多数坝肩土为强度较低的岩土体，利用锚杆加固很难形成钻孔，实施锚杆加固很困难。对于坝肩土强度较低的拦挡坝，则在坝肩的迎水面采用翼墙加固坝肩比较合理。而对于运输条件差，设备难以到达现场的基岩坝肩，也可采用翼墙加固坝肩。利用翼墙加固坝肩的优点是不动用锚杆钻孔机和注浆等设备，建筑材料也为修筑拦挡坝的材料。照片4-10所示的是利用混凝土加固坝肩的拦挡坝，该坝已经淤满，效果较好。照片4-11所示的是在坝的迎水面用混凝土保护坝肩的翼墙，翼墙与坝肩高平齐，位置和尺寸比较合理，坝肩外侧采用浆砌块石充填了施工遗留槽。这是利用翼墙和浆砌块石加固坝肩的典型例子。

利用翼墙加固坝肩

照片4-10

翼墙

耳墙

导流墙

照片4-11

1.迎水面翼墙

（1）翼墙的受力状态

保护坝肩的翼墙是一个全新的概念，其结构尺寸无规范可循，我们可以根据翼墙遭受泥石流的状态设置翼墙。沟道内泥石流首先正面冲击拦挡坝，消除了冲击力的涌浪和回头水回流到拦挡坝两旁的坝肩处，这时坝肩土只受到回头水的冲刷和侵蚀作用。因此，迎水面的翼墙结构只相当于水利工程的防洪堤的护堤墙。这是翼墙结构大小的基本特征。

（2）设置翼墙的条件

开挖坝肩槽时，在地层松软或坚硬形不成坝肩槽，而且没有条件实施锚杆加固坝肩的条件下用翼墙加固坝肩。

（3）翼墙的位置

只起防止绕坝流作用的翼墙一是在拦挡坝迎水面的坝肩处；二是在拦挡坝所设计的坝肩槽位置。例如设计的坝肩槽槽深是1.5 m，则翼墙位置就在坝肩1.5 m的部位。如果设计的坝肩槽槽深是2.0 m，则翼墙设置在2.0 m的部位，这是很重要的原则。

（4）翼墙的尺寸

由于迎水面翼墙只起拦水作用，其结构尺寸只考虑施工坝肩槽的范围即可。其主要结构的尺寸分述如下：

①翼墙的长度与方向

翼墙实际是一种人造坝肩槽，它的长度要根据坝肩处的地形地貌而定，一般要求从设计的坝肩槽的位置开始，依地形（翼墙与坝肩体相贴）向后斜插至山体中，其长度为3.0 m左右较合适。这样的翼墙既能防止绕坝流，又经济合理，如图4-2所示。

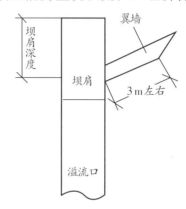

图4-2　翼墙与坝肩的位置关系示意图

必须指出的是，有些设计者，不理解翼墙的作用原理，漫无目的地随意设置翼墙，就翼墙而翼墙，有些翼墙尺寸过大，造成浪费。

②翼墙的高度

设置翼墙是为了保护拦挡坝的坝肩，充满坝内的泥石流在涌浪的作用下，有可能与坝肩平齐或超过坝肩。因此，翼墙的高度应与拦挡坝坝肩高度齐平。如照片4-11所示。

③翼墙的基础埋深和宽度

处在拦挡坝上游的翼墙，只起拦水作用。此外，翼墙多数是依托山体砌筑的仰斜式墙体，翼墙作用在基础上的力较小，所以，基础不宜大于1.5 m，翼墙顶宽40 cm左右即可。如照片4-12所示，由于泥岩难以形成坝肩槽，只好在上游部位布设仰斜式翼墙，其基础埋深为1.0 m，墙体厚度为40 cm，既实用又经济。

需特别指出的是，对于处在"V"形沟中的拦挡坝，基础长度很小，基础两侧很难嵌入山体中，这时的翼墙基础要视情况而定，一般深度要≥1.5 m，翼墙既要保护基础，又要保护坝肩槽。

拦挡坝

只起拦水作用的
仰斜式翼墙

照片4-12

2.背水面的翼墙

实际工作中经常遇到这种情况，受坝肩岩土体条件的限制和施工机械的影响，开挖后的坝肩槽不复存在，形成没有坝肩槽的拦挡坝，造成的后果是在上游则不能有效抵御泥石流绕坝流的侵蚀影响，在下游则失去了对拦挡坝的支挡作用，降低了拦挡坝的抗滑移和抗倾覆能力。这时应在下游设置翼墙（或称人造坝肩槽），补偿或增强拦挡坝的支挡力，增强拦挡坝的抗滑移和抗倾覆能力。背水面的翼墙因起人造坝肩的作用，其受力状态有别于迎水面的翼墙，因此，除了坝肩的位置、高度与迎水面的相同外，其宽度、基础埋深则要大于迎水面的结构，一般来讲，按照重力式挡土墙的结构进行设置比较合理。如照片4-13所示，在拦挡坝左侧的背水面的坝肩处设置了基础埋深1.5 m、顶宽0.5 m的混凝土翼墙，对拦挡坝起到了较好的支挡作用。

3.翼墙的联合使用

（1）翼墙与翻坝路的联合使用

如果拦挡坝设置了翻坝路，则翻坝路的路堤墙既起到路堤墙的作用又起到翼墙的作用。其结构以路堤墙的结构进行设计。照片4-14所示的是翼墙与翻坝路的联合使用。

（2）翼墙与挡土墙的联合使用

有些拦挡坝坝肩上、下为不稳定斜坡，需要用挡土墙进行支挡，这时的挡土墙既起到挡土墙的作用，又起到翼墙的作用。这时的翼墙结构按照挡土墙的结构要求进行设计。照片4-13所示的是拦挡坝背水面坝肩土体高陡，有坍塌的可能，所以设置了挡土墙。这里设置的挡土墙有三个作用：一是起人造坝肩的作用；二是起挡土墙的作用；三是起导流墙的作用。同时，挡墙式翼墙也填塞了施工遗留槽。

照片4-13

照片4-14

4.翼墙的防水

迎水面的翼墙为浸水面，设置了排水孔的翼墙会产生倒灌现象，但这种倒灌是暂时的，泥沙掩埋过后，排水孔就失去了作用。而翼墙裸露时间较长，为了防止或减少翼墙墙后水汽对墙体的破坏，翼墙排水孔要按照正常的排水孔进行布设，对于浆砌块石翼墙，一是翼墙墙后要砂浆抹面；二是墙后要做好夯填工作；三是翼墙后地表做好排水工作，地面排水以散水为宜；四是设置排水孔；五是较高或者较长的翼墙要设置沉降缝或伸缩缝。照片4-15所示的是翼墙顶部设置了散水。这种结构简单，防水效果较好。

照片4-15

第三节 坝肩施工遗留槽的加固

为了填塞坝肩的施工遗留槽，可用"耳墙"的方法加固填塞施工遗留槽。所谓耳墙是相对翼墙而言的，它是比翼墙小的无形无状体，其作用主要是填塞拦挡坝坝肩施工后所遗留的槽形空间。其作用与翼墙一样，也是防止坝肩遭受泥石流侵蚀破坏。一座拦挡坝用翼墙还是耳墙，要根据坝肩槽施工后留下的空间位置和保护坝肩的效果而定。

一、施工遗留槽的形成

在拦挡坝坝肩的开挖施工中，无论是机械施工，还是人工开挖，开挖的镶嵌槽实际宽度都远大于设计宽度。另外，由于坝肩土的地质结构疏松和坡面较陡，开挖坝肩槽时很容易发生坍塌现象，坝肩槽开挖后，坝肩处遗留下的并非上小下大的坝肩槽，而是矩形槽，更多的是"掌子面"。这样的拦挡坝坝肩砌筑（浇筑）后势必留下施工遗留槽。施工遗留槽往往是泥石流的冲刷、侵蚀、破坏坝肩的关键位置。如照片4-16所示，该拦挡坝施工遗留槽虽然进行了充填，但还是被雨水冲蚀破坏，需进行进一步的填塞加固。

有些基岩处修建的拦挡坝，由于山坡岩体坚硬，未形成坝肩槽，如果坝肩与坝肩土结合不好，洪水将透过间隙渗出，长期下去，将会损坏坝肩，进而损坏坝体。如照片4-17所示，该拦挡坝的施工遗留槽正在漏水，长期下去会影响坝肩的强度，进而毁坏坝体。对于这种坝肩渗漏的情况，必须采取耳墙措施进行加固处理。

照片4-16

照片4-17

二、耳墙的位置

只要存在施工遗留槽的地方都可以利用耳墙进行填塞加固。可以在坝肩的前部，可以在坝肩的后部，可以在坝肩的上部，也可以在坝肩的下部。对于在迎水面设置了翼墙的拦挡坝，耳墙一般在拦挡坝的背水面，或者在导流墙的上部，如照片4-11所示，耳墙设置在了导流墙的上部。

三、耳墙的结构形式

被开挖扰动了的坝肩土可能是槽形，也可能是"掌子面"。因此，耳墙的结构形式要根据施工遗留槽的空间形态来确定。有些施工遗留槽用弧形耳墙充填比较好；有些施工遗留槽用"一字形"耳墙充填比较好。照片4-18所示的是在坝前用弧形耳墙对施工遗留槽进行了封堵。照片4-19所示的是在坝前用一字形耳墙进行了充填加固。有些拦挡坝坝前布设了导流墙，实际上下部的施工遗留槽被导流墙加固防护，而上部仍然存在施工遗留槽，这时要将导流墙上部的施工遗留槽进行充填处理，如照片4-20所示，导流墙上部存在施工遗留槽，则对导流墙上部存在的施工遗留槽进行充填加固。

照片4-18

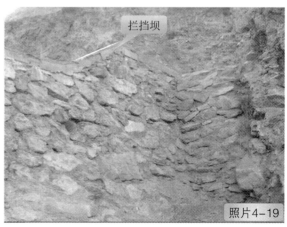

照片4-19

照片4-20

　　总之，保护坝肩的翼墙可前可后，与坝肩齐平，其位置要在坝肩遗留槽的范围内；耳墙则多在拦挡坝的背水面，或在导流墙的上部。这些不同形式的耳墙，虽然工程量小，无形无状，但对保护坝肩至关重要，是不可或缺的工程结构体。图4-3所示的是拦挡坝与翼墙、导流墙、护坦、襟边、基础施工遗留槽的平面位置、高度、长度、基础深度关系图，供参考。

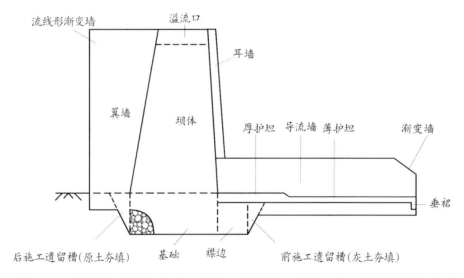

图4-3　拦挡坝、翼墙、耳墙、襟边、导流墙、护坦、施工遗留槽的关系图

第五章 拦挡坝的地基与基础

第一节 地基与基础的重要意义

地基是指支撑基础的岩土体。基础则是指将构（建）筑物结构所承受的各种作用传递到地基上的结构组成部分。当天然地基土的承载力不满足要求的时候，往往需要对地基土采取人工方法进行处理，改变其变形性质或渗透性质，提高地基土的承载力。泥石流拦挡坝的基础多坐落在碎石土或风化的基岩等软弱地基上，甘肃中东部大部分泥石流拦挡坝的基础条件更差，多为具有高压缩性和一定湿陷性的土层，必须对地基进行处理形成人工地基才能满足要求。基础工程不到位，往往会发生地基的整体或局部剪切或冲切破坏，造成拦挡坝坝体的倾斜、开裂或基础下沉、开裂、溶蚀等变形破坏，严重的还会发生地基或基槽的滑动。如照片5-1所示的拦挡坝，地基与基础处理不当，造成基础不均匀沉降，坝体开裂破碎，溃坝的可能性很大。

地基下沉
坝体开裂

照片5-1

拦挡坝的基础设计是拦挡坝结构设计中十分重要的一个环节，要在充分认识泥石流的特征及地基岩土体的工程地质特征与水文地质条件的基础上进行。设计内容主要包括基础持力层的选择、基础埋深、基础的类型与形式、基础结构与构造设计、地基计算以及软弱地基与特殊土地基的处理设计等。

拦挡坝基础埋深过浅时，从拦挡坝溢流口下泄的泥石流会冲蚀、掏蚀浅地基，使基础悬空，进而造成拦挡坝溃决。照片5-2所示的拦挡坝基础埋深过浅，从拦挡

被冲蚀的拦挡坝基础

照片5-2

坝溢流口下泄的泥石流冲蚀、掏蚀基础，使基础外露，该坝虽然进行了加固处理，但在后来的一次强大的泥石流冲击破坏下，发生了溃坝。

另外，由于拦挡坝坝身大，体积大，有问题的拦挡坝返工成本非常高，有些开裂严重的坝，甚至无法返工，只能成废坝。如照片5-1所示的拦挡坝已经无法加固修补，只能拆除。

因此，做好拦挡坝地基与基础是拦挡坝设计与施工中不容忽视的问题。根据拦挡坝的高度、地基的地层岩性、坝肩地层岩性和保护拦挡坝基础的方式，确定拦挡坝的地基与基础，是至关重要的，是保证拦挡工程长期安全运行的关键所在。

第二节　地基处理与基础存在的问题

拦挡坝地基处理与基础设计中存在的主要问题有：

1. 普遍存在的一个问题是设计者对拦挡工程地基与基础重视不够，不研究地层结构，不考虑保护主坝基础的结构形式，照搬前人的设计成果，使所设计的基础与实际脱节，其结果：一是基础埋深过深，造成浪费；二是基础埋深过浅，埋下溃决隐患。

2. 无论坝高坝低，坝前的地层结构的强度是高是低，拦挡坝基础的保护形式是副坝还是护坦，统统用一样的地基与基础形式。

3. 勘查力度不足，对地基的工程地质特征认识不清。由于泥石流沟道地层多为含有卵石、巨石、漂石和粗颗粒碎石土，且含地下水，勘查难度大，勘查实物工作量往往达不到实际要求，故对地基的地质结构认识不足，对地层岩性认识不清，对地基的承载力了解不够。地基处理措施带有盲目性，与实际严重脱节。因此，地基的承载力不够，造成基础下沉，坝身开裂。如照片5-3所示的拦挡坝地基承载力差，导致不均匀沉降，使坝身产生多处裂缝。由于坝身大，拆除返工已不可能。

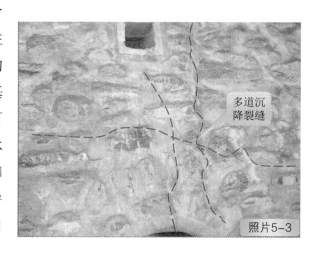

多道沉降裂缝

照片5-3

第三节　拦挡坝的基础设计

一、引发拦挡坝地基下沉的原因

拦挡坝地基下沉的原因是多方面的，根据现场观察和分析，主要有以下几个方面：

1. 软弱地基处理不当或未进行处理

施工单位依图纸施工，遇到软弱地层，一是不主动进行换填处理，二是不及时向监理部门反映，将错就错施工。将拦挡坝基础坐落在软弱地基上，形成不均匀沉降。如照片5-3所示的拦挡坝是软弱地基，但没有及时处理，将错就错，将基础坐在了软弱地基上，结果造成基础下沉，坝身开裂，由于坝体比较大，无法补救。

2. 地下水潜蚀地基使地基形成空洞

有些沟道是水量较大的长流水沟道，而且沟床地层为透水性高的砂砾石，修筑拦挡坝基础时扰动、破坏了沟道原有的水流方向和方式，沟道水流发生了变化，或是紊流，或是潜流，潜水从地基中流动携带细颗粒流动，使地基土形成空洞，造成拦挡坝不均匀沉降，坝身开裂。如照片5-4所示的拦挡坝，由于地基扰动、破坏了原有的水流通道，从地基中流动的水携带地基中的细颗粒物质流动，使地基形成空洞，造成地基下沉，坝身开裂。该沟道中设置的四座拦挡坝，均有贯通性沉降裂缝。

照片5-4

3. 承压水头对护坦的破坏

有些长流水沟道坝前修筑了护坦，但由于地基地层中有孔隙存在，当坝内存在泥石流或储满泥石流固体物质时，沟道内的长流水在坝内将形成承压水，一部分承压水要通过拦挡坝的排泄结构（溢流口、泄水孔和泄水涵洞）排走，而相当一部分则要通过拦挡坝的地基或者基础（浆砌块石基础）排泄到坝前，当坝前为护坦时，承压水对护坦底部存在上举破坏作用，应该说这种上举破坏作用非常大。如照片5-5所示，该坝高9.5 m，坝地基有孔隙存在，坝前设置了50 cm厚的钢筋混凝土护坦，在一次泥石流中，由于拦挡坝泄水涵洞和泄水孔排泄山洪泥石流的能力不足，泥石流在坝内迅速升高，坝内水头高度为14 m，坝前护坦在坝内水头压水的作用下，从护坦底部顶托护坦，将护坦全部破坏。

照片5-5

4. 库内水浸泡地基下沉

泄洪不畅，库内水长期浸泡地基土，造成地基下沉，坝体开裂。如照片5-6所示，该拦挡坝由于排泄系统不合理，拦沙坝成了拦水坝，坝内的水将长期浸泡护坦基础，使护坦地基软化，到了冬天，含水量较高的地基土发生冻胀将护坦破坏。

对于长流水沟道中设置的浆砌块石基础，由于砂浆难以饱满，浆砌石中有空隙，沟道内的水流通过坝基础流动，潜水长期在基础中流动，势必侵蚀、破坏地基与基础。如照片5-7所示的是潜水从主坝和副坝基础中长期流动，最终会潜蚀、破坏主坝和副坝基础。

冻胀裂缝
照片5-6

照片5-7

二、拦挡坝地基下沉的防止措施

1.强化岩土工程勘查，提高对拦挡坝地基的认识

受勘查人员专业背景和时间限制，在对泥石流沟进行勘查时，技术人员往往看重对泥石流灾害的勘查认识，轻视了对拟建构筑物（包括拦挡坝）的岩土工程勘查，投入的勘查工作量不足，认识不够。所以在勘查时，要在拦挡坝的工程点处投入足够的工作量，不但要对拦挡坝主坝的地基进行勘查，还要对拦挡坝坝前一定范围内的护坦、副坝基础投入足够的工程量进行勘查。通过勘查，一是查清地基土和下卧层土体结构；二是查清地基的承载力；三是查清地下水的水质与流量；四是查清坝肩土的地层结构和开挖时的成槽程度；五是查清设置的副坝（护坦）范围内的地质结构。这是拦挡坝工程地质勘查的基本要求，务必做到。

2.对达不到要求的地基必须进行处理

根据勘查结果，对于达不到要求的地基必须进行处理。地基处理包括原土翻夯、置换处理等。照片5-8所示的是拦挡坝地基正在用电杵子进行夯实处理。用电杵子夯实基础功效较低。

照片5-8

3.采用新工法进行地基处理

拦挡工程在沟道之中施工时，压实地基的大型机械很难到达施工现场，一般用蛙式打夯机等小型机械进行夯实工作。但利用小型机械处理地基，一是工作效率低；二是密实度控制难度大。为了弥补这一不足，建

议由开挖地基的挖掘机斗背进行夯实地基工作。实际中这种工法的效率较高，所夯地基土的密实度也较高，值得推广。照片5-9所示的是用挖掘机的斗背夯实地基情景。

挖掘机斗夯实基础

照片5-9

4.加强地基承载力计算

勘查人员要加强对地基承载力、地基变形、地基稳定性等的计算及软弱下卧层强度的验算等，只有这样才能科学、准确地提出地基处理的措施。

第四节 长流水沟拦挡坝的基础形式

一、混凝土实心基础

在长流水沟道内修建拦挡坝，其基础形式和结构不同于旱沟的基础形式，为防止水流对基础的冲刷破坏，基础部分采用混凝土或者毛石混凝土为宜。照片5-10所示的拦挡坝处在长流水沟内，其拦挡坝基础设置成了混凝土，防止水流冲刷、侵蚀坝基础。这种实心的一体坝基础改变了有空隙的浆砌块石基础，有效地阻止了水流对基础的侵蚀作用，同时提高了拦挡坝基础的整体性和稳定性。

照片5-10

二、长流水沟道拦挡坝的特殊基础

为了防止长流水对地基与基础的浸蚀和潜蚀作用，在基础中布设泄压管，将坝后的承压水进行排泄卸荷，可有效地防止地下水对基础的潜蚀作用。如图5-11所示的处在长流水沟内的副坝设置了排泄地表水、地下水的水管，消除了承压水，防止水流冲刷侵蚀基础。另外，当拦挡坝淤满后，库内泥石流固体物质中仍然存在水分，存在承压水，坝基础中的减压管同样可起到排泄渗入坝地基中的水分。图5-1是布设泄压

照片5-11

管的示意图。对于坝前设置了护坦的长流水沟，除了在基础中设置排泄管外，在靠近坝前的护坦中设置数排竖向减压管，如图5-2所示。

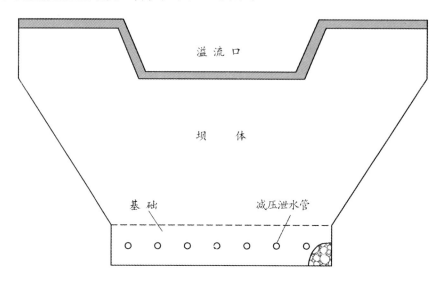

图5-1 拦挡坝基础减压泄水孔分布示意图

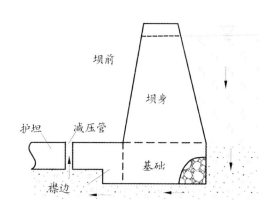

图5-2 护坦减压管位置示意图

三、常流水沟道拦挡坝基础设置减压管的条件

不是所有的长流水沟道拦挡坝的基础都可以设置减压泄水管，而是经过颗粒分析后，地基土中粗颗粒所构成的孔隙直径必须大于细颗粒的直径，这是必要条件，一般颗粒的不均匀系数（$\eta = d60/d10$）> 10（d 为颗粒直径）。

第五节 拦挡坝的基础埋深

一般认为，修建于非基岩的中高拦挡坝基础深度不宜小于4 m。这是自20世纪70年代以来在甘肃陇南等地的大量的实践中总结出来的，有一定的合理性。但稍显笼统，应该具体问题具体对待。

拦挡坝的基础设置很重要：一是关乎拦挡坝的安全运行；二是关乎经济合理，如果基础过浅，泥石流或掏蚀破坏基础，或使拦挡坝倾覆破坏。如果一味增加基础埋深，加大了圬工量，增加成本，造成浪费。一般来讲，拦挡坝的基础埋深与地基的地层岩性、泥石流性质、规模以及坝址岩土体的冻结深度等因素有关。笔者认为坝前冲蚀坑深度也是关乎基础埋深的关键因素之一。而冲蚀坑又与保护坝体基础的形式（副坝或护坦）有密切的关系，不同的保护形式其基础埋深不同。

一、副坝式基础埋深的影响因素

拦挡坝基础的深度除了与拦挡坝的高度有关外，还与坝前的地层岩性、泥石流的流量、流速、含沙量和时间等密切相关。因此，在考虑拦挡坝的基础埋深时要考虑泥石流对坝前的冲蚀坑的大小，这样才能科学合理地确定基础埋深。坝前冲蚀坑的影响因素有：

1.坝前地层的强度

坝前的地层坚硬，泥石流下泄形成的冲蚀坑小；反之，冲蚀坑大。

2.拦挡坝的高度

拦挡坝的高度大，从溢流口下泄的泥石流势能大，动能大，其产生的冲蚀坑大；反之，冲蚀坑小。

3.泥石流的含沙（石）量

溢流口下泄泥石流的含沙（石）量大，下泄时产生的动能大，冲蚀坑大；反之，冲蚀坑小。

4.溢流口下泄的泥石流的流量

从溢流口下泄的泥石流其单位宽度上的流量大，产生的动能大，冲蚀坑大；反之，流量小，则冲蚀坑小。

5.泥石流的下泄时间

从溢流口下泄泥石流的时间越长，坝前的冲蚀坑越大；反之，冲蚀坑小。

6.副坝质量

副坝是用来保护主坝基础和消能的，如果副坝的位置合理，副坝又比较坚固，溢流口下泄泥石流冲起的物质颗粒较大的部分将留在冲蚀坑内，抗击下泄泥石流的冲击，其冲蚀坑小。否则，副坝质量不高，在泥石流的冲击下副坝首先遭到破坏，坝前没有阻挡泥石流冲击物的防冲体，泥石流顺沟下泄，冲蚀坑既大又深。

二、副坝式拦挡坝的基础深度

事实上，发生泥石流时，人们不在现场，下泄时的流量、时间与含沙量无从知晓，只能通过事后观测冲蚀坑的大小、冲蚀坑的地层岩性和拦挡坝的高度来寻找规律。这就是说，拦挡坝基础埋深主要根据拦挡坝溢流口泥痕到地面的高度与坝前地层岩性来确定。

1.坝前为软弱地层的基础深度

通过对多个拦挡坝坝前冲蚀坑的观测认为，坝前为软弱地层且软弱层比较厚时，泥石流冲蚀坑的深度与有效坝高的比例大约在 1∶2～3∶5 之间。照片 5-12 所示的是坝前地层岩性为含碎石土较少的拦挡坝，坝高为 5.0 m，基础冲蚀深度约 3.0 m。坝高与基础深度的比例为 3∶5 左右。照片 5-13 所示的是坝前含碎石较多的拦挡坝，坝高为 4 m，基础的冲蚀深度约为 1.8 m。坝高与基础深度的比例不足 1∶2。

综合考虑，坝前地层岩性软弱，且软弱地层较深，拦挡坝的基础埋深按照坝高的3∶5 比例确定较合理。如图 5-3 所示。

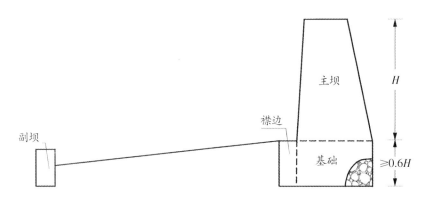

图 5-3　副坝式拦挡坝坝前地层软弱时坝高与基础深度示意图

基础埋深的经验公式如下：

$$h \geqslant 0.6\omega H \tag{3}$$

H 为溢流口泥痕至拦挡坝坝前地面的高度（m）。

ω 为泥石流性能综合系数，取 1.1～1.3。溢流口单宽上的流量大、泥石流含沙（石）量高取大值；溢流口单宽上的流量小、泥石流含沙（石）量低取小值。

2.坝前为中软地层的基础埋深

对于坝前为砂砾石土等中软地层的泥石流冲蚀坑的深度，通过多个坝前冲蚀坑的观测发现其冲蚀坑的深度与坝高的比例是1：3～1：2，照片5-14所示的拦挡坝，坝前地层岩性为强风化泥岩，坝高为6.0 m，基础冲蚀深度约为2.5 m。照片5-15所示的拦挡坝，坝前地层岩性为较密实的碎石土，坝高为4.0 m，基础冲蚀深度约为2.0 m。

综合各类因素，对于坝前为中软地层岩性，拦挡坝的基础埋深按照坝高的50%确定比较合理。如图5-4所示。

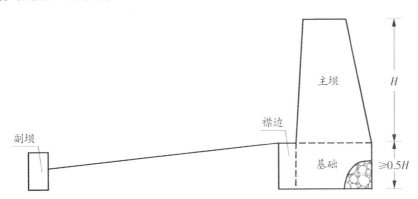

图5-4　副坝式拦挡坝坝前地层中软时坝高与基础深度示意图

基础埋深的经验公式如下：

$$h \geqslant 0.5\omega H \tag{4}$$

H为溢流口至拦挡坝坝前地面的高度（m）。

ω为泥石流性能综合系数，取1.1～1.3。溢流口单宽上的流量大、泥石流含沙（石）量高取大值；溢流口单宽上的流量小、泥石流含沙（石）量低取小值。

3.坝前为较硬地层

坝前为较硬的中风化以上基岩，相当于天然护坦，从拦挡坝溢流口下泄的泥石流形不成冲蚀坑，不需要人工防护坝基础，这时的基础埋深以拦挡坝的稳定性来考虑，但基础要≥2.5 m。如图5-5所示。

第一编 泥石流灾害治理拦挡工程

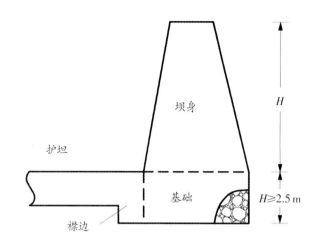

图5-5　坝前地层坚硬或为护坦时坝高与基础深度关系图

三、护坦式拦挡坝的基础埋深

护坦与副坝的作用都是保护主坝基础和消除泥石流的下泄能量，但是两者结构形式不同，保护主坝基础与消能的机理不同，故拦挡坝的基础埋深也不同。拦挡坝护坦是在溢流口下泄泥石流跌落部位设置一定长度、宽度、厚度和强度的结构。

护坦有钢筋混凝土护坦、混凝土护坦和铅丝石笼护坦等。其作用机理都是依靠护坦的强度抗击泥石流的冲击荷载，使之在坝前形不成冲蚀坑，不产生掏蚀作用，从而达到保护主坝基础和消能的目的。利用护坦后，拦挡坝的基础埋深有所变化，这时拦挡坝基础深度只考虑拦挡坝的稳定性。根据实际经验，护坦式拦挡坝的基础深度要大于当地的冻土深度，且≥2.5 m。护坦材料为≥C30的素混凝土，厚度≥50 cm。当沟内存在较大块石时，溢流口下泄泥石流的跌落部位要设置成高强度的钢筋混凝土。

对于又宽又长的较大的护坦，且泥石流含较大颗粒，为了节约成本，根据泥石流从溢流口下泄时较大的石块、碎石在坝跟处，泥沙在中部，洪水在前部的分布规律，坝前1/3长的护坦要布设厚约0.8 m的高强度钢筋混凝土护坦，前部2/3布设厚约0.5 m的素混凝土护坦。这样设置的护坦才科学合理。如图5-6为薄护坦与厚护坦的关系图。

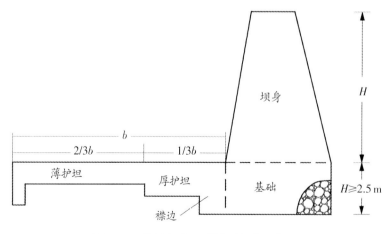

图5-6　薄护坦与厚护坦关系示意图

第六节　拦挡坝基础两侧嵌入稳定地层的长度

一、拦挡坝基础两侧嵌入稳定地层的意义

拦挡坝基础两侧嵌入稳定地层一是关乎拦挡坝的稳定性和抗倾覆性；二是关乎拦挡坝能否有效阻止泥石流形成绕坝流。众所周知，拦挡坝基础处在沟道沟床的下部，设置的基础长度比较小，如果遇到"V"形沟基础长度则更小；如果基础长度小，未嵌入地层中，则拦挡坝"头重脚轻"，抗倾覆和抗滑移能力小；同时，泥石流将侵蚀、破坏基础两侧地层，很容易产生绕坝流，进而造成溃坝。如照片5-16所示，拦挡坝基础两侧没有嵌入稳定地层中，右坝肩基础在泥石流的侵蚀、破坏下被掏空。如果泥石流向上掏空坝肩土，有溃坝的可能。如果基础长度大，且嵌入稳定地层中，则拦挡坝的抗倾覆和抗滑移能力高，同时，嵌入地层中的基础将有效降低泥石流对基础两侧地层的侵蚀作用，防止绕坝流的产生。因此，拦挡坝基础嵌入两侧地层关乎拦挡坝的稳定性，同时也关乎减少或降低泥石流形成绕坝流的能力。

照片5-16

二、存在的问题

对于拦挡坝基础两侧嵌入地层问题主要表现在：一是没有或缺少拦挡坝基础两侧嵌入地层的概念，大多数布设的基础长度与沟道的宽度相等或稍宽一些；二是设计者设计了基础两侧嵌入地层的深度，而施工者开挖时怕产生垮塌，只按照沟道的宽度实施基础的长度。如照片5-16所示。

三、拦挡坝基础长度的确定

1.设计者须高度重视基础两侧嵌入稳定地层的设计工作，将此结构作为设计的重要内容认真对待。

2.设计拦挡坝的基础长度应在坝址勘查的基础上，根据坝址处沟底宽度及沟床岩土体工程地质性质确定，以嵌入沟道两侧稳定地层为准，与坝肩一样，一般嵌入沟底两侧斜坡稳定岩土体各1~2 m，以便避免拦挡坝两侧形成绕坝流、造成拦挡坝的倾覆和破坏。图5-6是拦挡坝基础长度嵌入坝肩土深度的示意图。

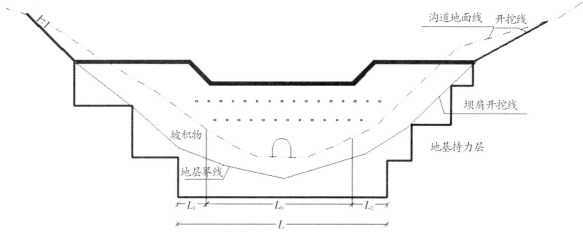

图5-6 拦挡坝基础长度与沟道宽度关系图

$$L=L_0+L_1+L_2 \tag{5}$$

其中：

L为拦挡坝基础设计长度（m）；

L_0为拦挡坝坝址处沟道宽度（m）；

L_1、L_2为拦挡坝基础左右嵌入稳定岩土体长度（m）。

3. 对于"V"形沟道，为了避免形成"头重脚轻"的拦挡坝和提高拦挡坝的稳定性，必须对沟底进行拓宽处理，以便加大基础的长度。

4. 坝肩及基础向两侧的刻槽施工须是自上而下开挖，否则会在刻槽施工中发生坍塌，造成安全事故。

第七节　拦挡坝基础的几何形态

拦挡坝基础的几何形态按照保护主坝基础和消能的附属设施有两大类：一是副坝式基础结构形式；二是护坦式结构形式。由于保护主坝的形式不同，拦挡坝基础的几何形态也不同。

一、副坝式拦挡坝的基础

相关规范和论文中给出了不少的副坝式基础结构形式，主要有三种：一是A型基础，即平底式基础，也称满堂式基础；二是B型基础，即前肢型，前部基础深，后部基础浅；三是C型基础，即马鞍形基础，前部、后部深，中间浅，如图5-7所示。B型基础、C型基础从理论上讲既防止了基础的冲刷，又节省了建筑材料，是比较好的基础形式，但是在实际中受到以下因素的影响很难实现。

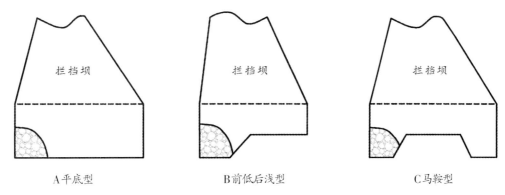

| A平底型 | B前低后浅型 | C马鞍型 |

图5-7　副坝式拦挡坝基础几何形状示意图

1.基础的宽度

如果基础宽度较小,机械施工扰动大,很难形成非平底形基础。故宽度≥3 m的基础设置成B型基础、宽度小于3 m的基础设置成A型基础较为合理。如谷坊坝由于基础小,宜采用平底形基础。

2.地基是否要处理

如果地基松软,承载力较差,需要对地基进行翻夯处理或者换填处理,地基处理要大幅度地扰动地基,形不成非平底形基础形式,则建议用A型基础。如果地基较硬,不做翻夯或换填的基础才具备B、C型基础条件。

3.地基是否垮塌

泥石流沟道中,大部分地层含沙量较大,再加上存在地下水,开挖时,容易引起垮塌,这类地层在做基础时还要做临时支护,很难形成B、C型基础,只有平底形基础才符合实际。

4.是否使用大型机械

当前,拦挡坝土方开挖都是用大型挖掘机进行施工,很少用人工进行开挖,如果采用机械开挖基础,其开挖基础扰动大,很难形成B、C型基础,只能用A型基础。如果采用人工开挖基础,其扰动小,形成B、C型基础的概率大,可以采用B、C型基础。

总之,当基础宽度大于3 m时,在地基不需要处理且不易垮塌的地层条件下方可考虑使用B型基础或者C型基础。对于基础较窄,基础需要进行处理和地层易垮塌的地基,基础采用A型较为合理。随着时代进步,大型施工机械应用在泥石流防治工程的施工中,大型机械施工动作大、扰动大,拦挡坝基础很难形成复杂的几何形态,A型基础比较合理。

二、护坦式拦挡坝的基础

护坦式拦挡坝与副坝式拦挡坝相比,基础较浅,没有必要进行结构上的优化,利用A型基础即可。

第八节　拦挡坝基础施工遗留槽的加固与襟边

众所周知，拦挡坝破坏最主要的部位，一是基础部分，二是坝肩部分。而基础处破坏的罪魁之一是基础施工时遗留下的施工槽，即在拦挡坝基础开挖中四周将形成一定坡度的基坑边坡，当拦挡坝基础砌筑或浇筑完成后，在拦挡坝的前后将形成直角三角形的施工遗留槽，如图5-8所示的是拦挡坝基础施工中遗留坝前、坝后遗留槽示意图。

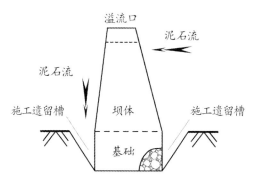

图5-8　施工结合槽示意图

笔者通过仔细观察后认为：拦挡坝基础破坏的主要原因之一是基础开挖时形成的施工遗留槽，这个遗留槽由于没有引起重视，设计时甚至于没有提到遗留槽的处理措施，而施工时只以推填了事，造成了严重的后果。照片5-17所示的就是没有处理的施工遗留槽沉陷情景。由于没有实施夯填与充填，遗留槽中的松软土质被拦挡坝溢流口下泄的泥石流、泄水涵洞和泄水孔下泄的泥石流轻易地冲蚀带走，泥石流进而向前、向后掏蚀拦挡坝的地基或基础，最终造成拦挡坝溃决。照片5-18所示的是谷坊坝内侧施工遗留槽没有夯填处理，泥石流已经掏蚀到基础的底部，洪水有可能从基础底部掏空溢出。由于设计与施工时没有对施工遗留槽进行夯填处理，泥石流将通过疏松的施

工遗留槽掏蚀拦挡坝基础，进而造成溃坝事故。如照片5-19所示，一是溢流口下泄小型洪水正在掏蚀基础的情景；二是拦挡坝基础悬空时泥石流先是利用较大的块石、碎石将施工遗留槽冲蚀后带走，然后后期的洪水将基础底部一点一点掏蚀，最终使拦挡坝悬

空。照片5-20所示的拦挡坝在泥石流的冲蚀掏蚀下已经悬空，拦挡坝成了"拱形桥"，可谓触目惊心。

照片5-19

照片5-20

一般来讲，从拦挡坝溢流口下泄的山洪泥石流，前部是洪水，中部是含有一定泥沙的洪水，而后部则是重度较大的泥石流（块石）。泥石流（块石）对坝前地基的冲蚀和掏蚀破坏较大；而经过溢流口的洪水对坝前地基与基础具有一定的掏蚀破坏作用。这两种破坏作用集中于坝前基础，若坝前施工遗留槽未进行加固处理，那么，拦挡坝基础破坏也就在所难免了。

针对以上存在的问题，笔者认为应该从三方面采取措施，才能有效地消除泥石流对拦挡坝基础破坏的作用。

1.基础前面设置襟边

襟边是拦挡坝背水面的基础向前伸出1 m左右的结构，这个襟边将很好地抗击从溢流口下泄泥石流中泥沙（石块）对基础的破坏作用以及洪水对坝基础的掏蚀作用。同时，襟边除了保护拦挡坝基础外还对拦挡坝的抗倾覆和抗滑移非常有利。照片5-21所示的是拦挡坝基础向前延伸了约80 cm，对保护坝基础起到了非常好的作用。

照片5-21

传统意义上的襟边是坝前、坝后都设置。从受力状态看，坝后襟边没有坝前襟边的作用大，建议设置襟边时设前不设后。

2.施工遗留槽的充填

这里有两种情况：一是坝前设置的是副坝，迎水面（坝后）的施工遗留槽只受泥石流的浸泡和浸湿作用，因此，迎水面的施工遗留槽只进行原土夯填即可。背水面（坝前）的施工遗留槽或用与拦挡坝相同的混凝土浇筑，或用与拦挡坝相同的浆砌块石砌筑，如图5-9所示。二是坝前设置的是护坦，迎水面（坝后）的施工遗留槽用原土夯填，背水面（坝前）的施工遗留槽须用碎石土进行夯填，或用低强度混凝土充填，如图5-10所示，这样处理后的施工遗留槽可避免护坦下基础密实度低而遭到破坏的可能。

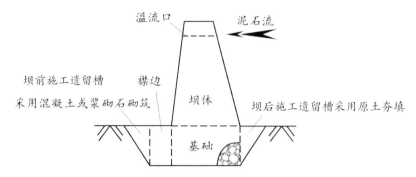

图5-9　坝前为副坝的施工遗留槽加固

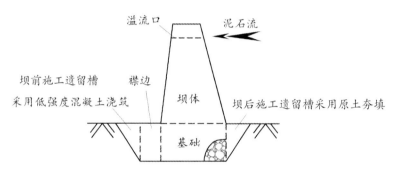

图5-10　坝前为护坦的施工遗留槽加固

3.基础前布设厚护坦

如果泥石流中含块石较多，且拦挡坝较高，须将坝跟处护坦长1/3左右的部分设置成较厚的高强度钢筋混凝土。护坦前部设置成薄护坦，这样的护坦既安全可靠，又经济合理，如图5-11所示。

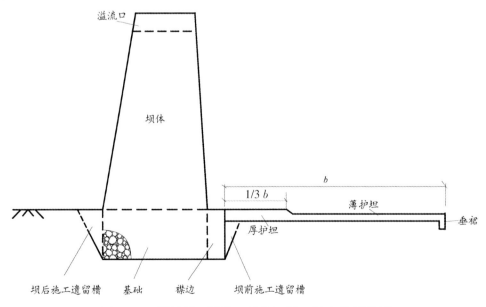

图5-11　拦挡坝、襟边、护坦、施工结合槽关系图

在遭受泥石流冲击破坏严重的坝前地段既布设了襟边，又用混凝土或浆砌块石加固了施工遗留槽，又在其上布设了较厚的高强度混凝土，三管齐下，相信拦挡坝的基础保护应该是坚固的、可靠的。

第六章　拦挡坝的基础保护

众所周知，拦挡坝的基础是整个拦挡坝安全运行的核心部位，而拦挡坝基础的保护又是拦挡工程系统中的是重中之重。保护主坝基础安全运行的主要方法是设置副坝（护坦）。副坝（护坦）是拦挡工程的重要组成部分。其作用一是保护主坝基础；二是消除泥石流下泄产生的动能。如果不设置副坝（护坦）或者副坝（护坦）质量不高，从溢流口下泄的泥石流将冲蚀、掏蚀破坏主坝坝前岩土体，形成掏蚀坑，使基础外漏、悬空，最终导致主坝溃决。如照片6-1所示的拦挡坝，因前部设置的副坝被冲毁，主坝基础被下泄的泥石流掏蚀后而外露，有溃坝的可能。因此，拦挡工程一般都设有保护主坝基础的副坝（护坦）。

被冲毁的副坝

照片6-1

第一节　副坝（护坦）设置中常见问题

我们在检查、验收工作中，发现许多副坝遭到了泥石流的冲击破坏，多数情况下，主坝处在没有保护或保护不力的状态下运行，留下了诸多安全隐患，如照片6-1所示，副坝已经破坏，主坝基础外露，有溃坝的危险。在副坝（护坦）的设置中，存在的主要问题如下：

一、对副坝（护坦）的重要意义认识不足

设计人员对拦挡坝的作用认识比较清楚，而对拦挡坝的副坝（护坦）重视程度不够，在选择保护主坝的形式上，对结构的可靠性不进行认真的设计或敷衍了事，或者是为了完成任务而设计，导致设置的副坝或基础浅，或无坝肩，或溢流口小，副坝（护坦）不能正常发挥作用。实际中，许多副坝经小型泥石流就会被冲垮，使主坝处在没有

保护的状态下或处在保护不力的状态下运行，埋下了安全隐患。照片6-2所示的拦挡坝副坝本身的强度不高，被泥石流冲垮。照片6-3所示的副坝基础浅，且没有保护措施，基础已经外露，很快就会发生溃坝，副坝毁了，主坝在没有保护的情况下，不能安全运行。

照片6-2

照片6-3

二、不能合理地选择副坝（护坦）

副坝（护坦）是保护主坝基础的主要设施，其选择使用要结合坝前的地形等条件确定。工程实践中发现，设计者往往不能按照坝前的地形特点或坡降确定采用护坦还是用副坝，而是随意设计，有的将整个沟道的拦挡坝都用护坦或副坝，致使保护措施与实际所需严重脱节，失去了保护主坝基础和消能的作用，还造成了工程投资的巨大浪费。更常见的则是不能根据需要合理地选择副坝或者护坦，该用副坝的地方选择了护坦，该用护坦的地方选择了副坝。如照片6-4所示，某泥石流沟3号坝坝前坡度为20°左右，这样陡的坡度却设计了副坝，保护主坝的副坝高达3.0 m左右，保护主坝的副坝也成了主坝，为了保护副坝，在副坝前面又布设了副坝，造成了浪费。

照片6-4

三、副坝结构不尽合理

副坝的结构应与主坝结构基本相同，但实际中有相当一部分副坝结构简单，自身抗击山洪泥石流的能力很低。一是设置的副坝基础浅，基础在一般洪水冲蚀下就暴露了，如照片6-3所示，副坝基础太浅，地基已经被冲蚀外露。二是副坝无坝肩，泥石流经副坝坝肩下泄，破坏副坝。三是副坝溢流口偏小，与主坝不协调，副坝溢流口不能满足从主坝溢流口下泄的泥石流，泥石流从副坝坝顶漫流而过，必将冲毁副坝坝肩，进而造成溃坝。如照片6-5所示，副坝坝肩嵌入深度不够、溢流口小，起不到保护主坝的作用。更多的现象是副坝在没有起到应有的作用之前，自己先遭到破坏。

四、副坝的位置选择不合理

副坝的位置要根据主坝的高度、主坝前部的地形地貌和主坝溢流口下泄泥石流的落地位置综合计算确定。实际中发现，有的副坝距离主坝太近，溢流口下泄的泥石流在坝前形成的掏蚀坑越过了副坝的基础底部，造成副坝溃决而失效。如照片6-6所示，副坝基础浅，距离主坝太近，从溢流口下泄的泥石流冲蚀的坑，向前掏空副坝基础，副坝遭到破坏，而这时的主坝也岌岌可危。另一种情况是副坝距主坝太远，副坝是一座独立结构体，与主坝联系不到一起，根本起不到保护主坝基础的作用，亦起不到消能的作用，实际上是一种防冲槛。

照片6-5

照片6-6

五、对主坝坝前的地层岩性认知度不够

对坝前的地层岩性产生误判，将遇水极易风化崩解的岩层误判为性能较好的基岩，不设置副坝（护坦），使主坝处在没有保护措施的状态下运行。如照片6-7所示。坝前为易风化崩解的泥岩，经泥石流的侵蚀破坏很快风化崩解，使大坝基础外露。长此下去，有溃坝的可能。

拦挡坝

照片6-7

六、护坦长度缺乏科学依据

用坝高2～3倍的简单倍数关系确定护坦的长度，大多数是护坦过长，增加了不必要的工程量，造成浪费。如照片6-8所示，护坦的长度是主坝高的2.0倍左右，造成了浪费。

照片6-8

第二节 合理设置副坝（护坦）

一、提高对副坝（护坦）作用的认知度

副坝（护坦）作为拦挡工程的重要组成部分，涉及主坝安全运行，关乎拦挡坝的经济合理，没有副坝（护坦）的拦挡工程是不完整的拦挡工程，其主坝寿命不会长久。副坝（护坦）不但要设置，而且要精心设计，精心施工。设计副坝（护坦）要认真地分析研究和科学地计算，切不可随意设置，成了摆设和样子工程。

二、合理选择副坝（护坦）

保护主坝的主要防护形式有副坝和护坦两种。选择护坦还是副坝很有学问，一定要按照主坝前面的地形地貌和坡降来确定。设置副坝还是护坦既要考虑保护主坝基础和消能作用，又要考虑工程的经济性。最简单的原则如下：

1.当拦挡坝坝前坡降较小时，可设置副坝，因为坡降小，所设置的副坝高度小，其成本小。

2.当坝前沟道宽阔时，可设置副坝，因为沟道宽阔，设置护坦的费用远大于设置副坝的费用。如照片6-9所示，坝前宽阔平坦，坝前坡降比较小，设置了副坝，比较经济合理。

3.当拦挡坝坝前坡降比较大时，选用护坦比较合理，因为坝前坡降比较大，设置的副坝坝身比较高，各结构体大，成本高。

4.当坝前沟道比较窄时，设置护坦经济合理。

照片6-9

5.当坝前地层松软时，宜设置护坦。

6.从保护主坝的能力上看，护坦优于副坝。

使用护坦还是副坝，涉及的因素较多。笔者通过观察对比后认为，护坦保护主坝基础和消能的作用要优于副坝。主要原因是副坝的迎水面和背水面都遭到泥石流的冲击破坏，耐久性差。有相当一部分副坝，不是背面的掏蚀破坏就是迎水面主坝溢流口下泄的泥石流的冲击破坏。而在主坝前设置的护坦只受到主坝溢流口下泄的泥石流的冲击破坏，泥石流一旦落地即被迅速排泄走。如在同一地区的两个泥石流沟道，沟道条件基本相同，设置了护坦的拦挡工程，主坝与护坦安然无恙。如照片6-10所示的坝内泥沙已经淤满，坝前的护坦相对完整，拦挡坝安然无恙。而在拦挡坝坝前设置了副坝的，主坝、副坝几乎"全军覆没"。究竟使用护坦好，还是使用副坝好，不但要从保护主坝基础和自身安全的角度考虑，也要从经济角度比较。

照片6-10

三、 副坝的结构设计

俗话说，"麻雀虽小，五脏俱全"，副坝工程正应了这句谚语。在实际工作中，由于副坝的成本较低，设置副坝的机会较多。因此，这里将设计副坝的要领探讨一下。主坝与副坝有相同的地方，也有不同的地方，相同之处是都由坝体、溢流口、混凝土压顶、坝肩、基础与保护基础的结构体等组成；不同之处在于主坝要拦蓄泥石流固体物质和固沟护坡，副坝从功能上讲不起拦蓄物质和固沟护坡的作用，只起保护主坝基础和消能作用；主坝有水沙分离结构——泄水孔或泄水涵洞，而副坝不设泄水孔或泄水涵洞等结构。

四、 副坝设置要领

1.副坝的基础设置

由于副坝坝身低，体积小，从副坝溢流口下泄的泥石流势能小，冲击、冲蚀的深度较浅。所以，副坝的基础埋深比较浅，具体要根据当地的冻土深度和坝址处的地层岩性综合确定。副坝基础埋深一般大于1.5 m比较合适。

2.副坝的溢流口设置

副坝溢流口的过流量与主坝相近，其过流断面也要基本一致。由于副坝处在沟道的底部，相对狭窄，其溢流口的宽度往往要小于主坝的溢流口宽度，这时只有增加溢流口的高度，才能确保主坝与副坝的溢流口过流面积一致。

3.副坝的混凝土压顶设置

副坝的溢流口也是泥石流的通道，对于浆砌块石副坝，为了提高副坝坝顶的耐磨性，溢流口部分须设置混凝土压顶，有些还要根据实际情况配钢筋。

4.副坝的坝肩设置

为了提高副坝的坝肩抵抗泥石流的侵蚀冲击破坏能力，与主坝一样要设置坝肩槽，使副坝坝肩深入到山体中，具体嵌入深度，可参照主坝坝肩嵌入深度的确定方法。

5.副坝的基础保护

为了有效地保护副坝的基础，一般在副坝前部修建小型护坦，同样，副坝的坝肩也要用小型耳墙进行加固保护，这里不再赘述。

6.副坝的坝高设计

副坝的坝高要使回淤泥位在主坝基础以上，要经过计算来确定。如照片6-11所示的拦挡坝，副坝的坝肩、混凝土压顶、坝肩槽和溢流口都满足构筑副坝的要求，是一座标准的副坝。

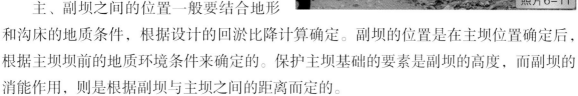

照片6-11

五、主、副坝之间的距离

主、副坝之间的位置一般要结合地形和沟床的地质条件，根据设计的回淤比降计算确定。副坝的位置是在主坝位置确定后，根据主坝坝前的地质环境条件来确定的。保护主坝基础的要素是副坝的高度，而副坝的消能作用，则是根据副坝与主坝之间的距离而定的。

相关规范中对副坝的位置给出的经验值是主坝高的2～3倍之间，即最短距离是2倍的主坝高度，最远距离是3倍的主坝高度。所以，副坝应该在2倍的主坝坝高位置到3倍的坝高位置之间根据沟道的地质环境条件来确定。如图6-1所示的是主、副坝之间的距离示意图。当然，主、副坝间的距离还要考虑以下两种情况：一是坝前地层为松散岩

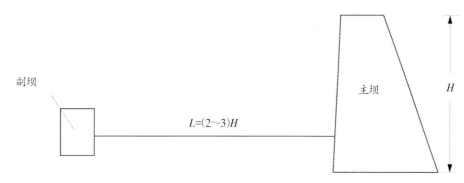

图6-1　主副坝之间的距离示意图

土体，从溢流口下泄的泥石流跌落坑较大，跌落坑的影响范围大，则副坝至主坝的距离要大，应该取3倍左右的坝高；二是坝前是中硬地层，如碎石土或泥石流的堆积物等，从溢流口泄下的泥石流跌落坑较小，跌落坑的影响范围也较小，则主、副坝间的距离取2倍的坝高为宜。如照片6-12所示，主、副坝之间的距离不到2倍坝高，结果溢流口下泄的泥石流形成的冲蚀坑远远大于主、副坝之间的距离，造成泥石流掏空副坝基础、毁坏副坝的事故。

照片6-12

六、护坦设计

1.护坦的长度

用简单坝高的倍数关系确定护坦的长度显然不科学、不严谨。大部分设计者将护坦的长度按照选择副坝的距离来确定，其结果是所设计的护坦过长，造成浪费。笔者认为：从溢流口下泄的泥石流的流速是一个定值，拦挡坝的坝高也是一个定值，而过坝的泥石流下泄到坝前地面的轨迹为一条平抛物线，这样完全可以计算出泥石流射流的水平距离。以下是笔者根据泥石流在拦挡坝溢流口处的流动模式给出的计算公式，供大家参考使用。

护坦的长度按照以下抛物线的公式计算：

$$L = kv_0\sqrt{2H/g} \tag{9}$$

L 为护坦的长度（m）；

v_0 为过坝流速（m/s）；

H 为坝前地面到溢流口泥痕的高度（m）；

g 为重力加速度（m/s²）；

k 为泥石流性能系数，经验值为1.2～1.4，稀性泥石流取大值，黏性泥石流取小值。

2.护坦的结构

（1）钢筋混凝土护坦

如果坝前沟道陡峻，沟道内泥石流所含块石多而大，且拦挡坝较高，要设置钢筋混凝土护坦。因为从高坝溢流口下泄的泥石流含较大块石，势能大，动能大，冲击力大，破坏性极强，只有采用高强度、耐冲击和耐磨蚀的钢筋混凝土护坦才能消除泥石流产生的动能。对于高坝或含砂石较多的泥石流，其钢筋混凝土护坦要布设竖向钢筋。

（2）铅丝石笼护坦

近几年，有些泥石流治理工程中使用了钨丝石笼护坦。铅丝石笼护坦对于小型泥石流和细颗粒泥石流尚可，但对于大中型泥石流，特别是水石流来讲，效果不佳，问题较多，铅丝石笼护坦不是被冲毁破坏就是被锈蚀破坏。如照片6-13所示，虽然在坝前设置了副坝，在主坝、副坝之间设置了1.2 m厚的铅丝石笼护坦，结果铅丝石笼护坦还是被强大的泥石流冲毁，只剩了一小部分。因此，铅丝石笼护坦要谨慎使用。

照片6-13

3.混凝土护坦的结构尺寸

护坦保护主坝基础和消能的机理与副坝保护主坝基础和消能的机理不同。因此，护坦的设计要考虑两点：一是从主坝溢流口下泄的泥石流能够顺利通过护坦快速地离开；二是下泄的泥石流前部是含泥沙较少的洪水，后部则是含泥沙甚至块石较多的泥石流。这些特点是我们设计护坦时要考虑的因素之一。

（1）护坦的垂裙

护坦的长度由抛物线公式计算而得，前面已经阐述过。为了消除泥石流对护坦前缘的反蚀作用，护坦前缘要伸进地下1 m左右，即所谓的"L"形护坦。

（2）护坦的宽度

如果前部沟道比较窄，则在坝前的沟道都应铺满护坦，即满沟护坦；如果沟道较宽，护坦的宽度要大于溢流口的宽度左、右各1.0 m左右；如果设置了坝前导流墙，则护坦与坝前导流墙有机相接。

（3）护坦的厚度

采用高强度的钢筋混凝土护坦固然耐冲击、耐磨蚀，但是成本较高，为了降低成本，根据泥石流从溢流口下泄时的内在规律（即坝跟处的泥石流含沙石量较多，前部含沙量较少），在靠近主坝基础约占护坦长1/3的部位设置厚度约为0.8 m的较高强度的钢筋混凝土结构；而在护坦前部可设置成厚度约为0.5 m的素混凝土结构。如图6-2所示。

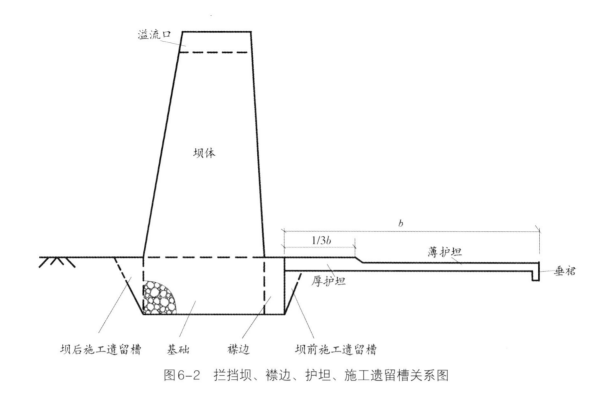

图6-2 拦挡坝、襟边、护坦、施工遗留槽关系图

第三节 坝前导流墙设置

一、设置导流墙的必要性

实际中,经过主坝和副坝的开挖施工后,主、副坝之间两侧的山体往往成为不稳定斜坡,如不加防护,从主坝溢流口下泄的泥石流会很快掏蚀两侧山体,导致山体发生滑坡或者崩塌,向后则破坏主坝坝肩,向前则破坏副坝坝肩,进而破坏主、副坝;如果是护坦,这种情况更加严重。如照片6-14所示,主、副坝之间的土体已经发生滑塌,如不及时修建导流墙,副坝坝肩将损坏,副坝将失去作用,主坝也将破坏。为了防止以上问题的发生,最有效的办法是在主、副坝之间设置导流墙。

照片6-14

导流墙的作用:一是作为挡土墙对不稳定斜坡进行支挡,防止垮塌;二是可有效防止从溢流口下泄的泥石流对主、副坝之间山体的掏蚀和侵蚀作用,起到保护坝肩的作用;三是类似排导槽进行束流,将泥石流输送到副坝(护坦)以外,从而有效地保护主坝与副坝(护坦);四是对主坝有较好的支撑作用。实践证明,设置在主、副坝之间的导流墙对保护拦挡工程起到了较好的作

用。照片6-15所示的是护坦两侧的导流墙；照片6-16所示的是主、副坝之间的导流墙。这些与副坝（护坦）配合使用的导流墙将有效地保护主坝与副坝（护坦），同时也支挡了其间沟岸的不稳定斜坡。

二、导流墙的位置及结构

导流墙应设置在主坝与副坝之间沟道两侧或护坦两侧；导流墙的高度应大于溢流口的高度，一般导流墙的高度以大于溢流口高度的0.5 m为宜。例如，溢流口的高度为1.5 m时，导流墙的高度应大于2.0 m；导流墙只受下泄泥石流向两侧的冲蚀作用。因此，其顶宽厚度大于0.5 m即可。设置在护坦两侧的导流墙前部要设置成渐变墙。

三、导流墙的基础深度

1.主、副坝间的导流墙的基础深度

在拦挡坝前设置了副坝，从溢流口下泄的泥石流，在主、副坝之间形成的冲蚀坑在靠近拦挡坝主坝处比较深。所以，靠近拦挡坝主坝处导流墙长度的一半其基础深度应该与拦挡坝的基础深度一样，而靠近副坝一端的冲蚀坑相对较浅，因此靠近副坝处导流墙长度约一半其基础深度应该与副坝的基础深度一样。如图6-3所示是主、副坝之间导流墙的基础深度的示意图。

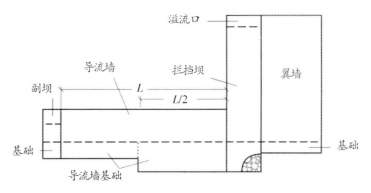

图6-3 拦挡坝主、副坝与翼墙、导流墙的结构关系图

2.护坦式导流墙的基础深度

设置了护坦的拦挡坝，从溢流口下泄的泥石流，其冲击力被护坦消除，因此，护坦式导流墙的基础深度大于当地的冻土深度，且大于1.0 m即可。如图6-4所示的是主坝、护坦和导流墙基础埋深之间的关系图。图中一种颜色代表一种建筑材料。

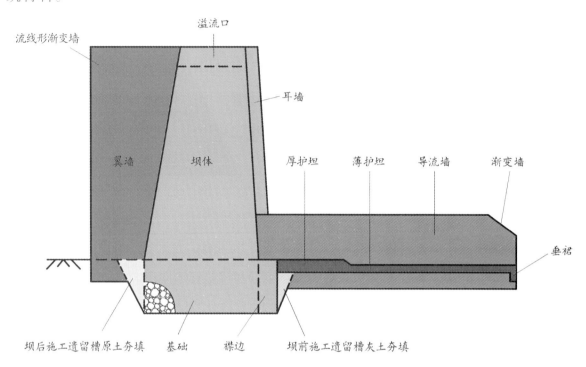

图6-4　拦挡坝翼墙、耳墙、襟边、导流墙、护坦、施工遗留槽的关系图

四、导流墙的联合使用

有些拦挡坝要设置翻坝路，这时的翻坝路既是路堤墙，又是导流墙。其导流墙的结构以路堤墙的结构进行设计。有些拦挡坝坝肩土不稳定，需要用挡土墙进行支挡，这时的挡土墙既起支持作用，又起导流作用，其结构应按挡土墙进行设计。如照片6-17所示，坝前左侧为不稳定斜坡，这时的导流墙又承担挡土墙的功能。

不是所有的拦挡坝都要设置导流槽，如果沟道较宽，拦挡坝溢流口下泄泥石流对坝前两侧山体影响较小，可不设置导流墙。如照片6-18所示，拦挡坝较宽，护坦的宽度没有占满整个沟道，而是比溢流口宽1 m左右，护坦两侧设置高40 cm左右的低坎即可。如果坝前两侧山体为中风化的基岩，可不设导流墙。

导流墙
兼挡土墙

照片6-17

照片6-18

五、导流墙的防水

导流墙正面为间歇浸水墙面，宜设置排水孔。为了防止或减少导流墙墙后受水汽的破坏，对于浆砌石导流墙，一是导流墙墙后要砂浆勾缝或抹面；二是墙后要做好夯填工作；三是导流墙后地表做好排水工作，地面排水以散水为宜，以便将顶部的雨水通过散水的形式排到挡墙之外；四是做好排水孔设置。

总之，拦挡坝要与副坝（护坦）、襟边、施工遗留槽等有机地联系在一起，互相配合，才能发挥各自的作用，才能有效地保护拦挡坝基础。

第七章　翻坝路

翻坝路顾名思义就是翻过拦挡坝的路，是进出沟道的通道。根据翻坝路与拦挡坝的关系，翻坝路有两种形式：一是与拦挡坝相交的翻坝路；二是从拦挡坝坝顶横向通过的翻坝路。照片7-1所示的是在拦挡坝的右坝肩设置了与拦挡坝相交的翻坝路，可以通行卡车。照片7-2是村民自建的从坝顶横向通过的简易翻坝路。

照片7-1

照片7-2

第一节　设置翻坝路的重要意义

泥石流沟道两侧有村庄、学校、农田和其他设施时，如果没有设置翻坝路，那么沟道内筑起了一道道的拦挡坝，必然给当地村民的出行和生产生活造成困难，添了"堵"。这种设计不周全的工程，这几年多有发现。结果是利民工程成了扰民工程。老百姓为了通行，在已经建好的拦挡坝上修建自己的出行通道，严重影响拦挡坝的质量，影响了拦挡坝的行洪。照片7-3所示的是老百姓自己修建的翻坝路，严重影响了拦挡坝的排泄功能发挥。

在泥石流沟道两岸居住的村民，原来是通过沟底的便道通行的。在泥石流沟道中设置的拦挡坝，给村民的过沟出行带来了困难。村民往往就在坝顶溢流口上做简易路面从坝顶通过。可这种"简易路面"既不安全又影响溢流口的过流量，严重影响了拦挡坝的排泄能力。照片7-4所示的是村民用混凝土预制板在拦挡坝溢流口上搭建的翻坝路，既影响溢流口的过流量，又行走不安全。需要补充设计翻坝路。

照片7-3

照片7-4

第二节　翻坝路的布设

1.翻坝路是泥石流治理工程的重要组成部分，设计、施工人员都要给予高度重视并按照修建道路的有关要求精心设计，精心施工。

2.具有翻坝路的拦挡坝多在沟道较宽的地方，拦挡坝以低坝为主，这样修建翻坝路的成本较低。事实上，有道路的泥石流沟道大多数处在主沟内，而且主沟道比较宽阔，有利于修建低坝，也有利于修建翻坝路。

3.翻坝路须设置在坝肩处，具有翻坝路的坝肩地势要平缓，设置的翻坝路尽量少动用土方工程。设置的翻坝路路肩墙，既是路肩墙，又是拦挡坝的翼墙或导流墙。这样设置的翻坝路成本较低。对于车行翻坝路，路面坡度一般≤8%，过陡则车辆难以通过。如照片7-5所示，该翻坝路坡度约为20°，农用车无法通行。另外，车行翻坝路还要设置防撞墙，以使车辆安全行驶。照片7-6所示的翻坝路不但坡度比较平缓，还设置了防撞墙，便于通行，利于安全。

过陡的翻坝路
照片7-5

照片7-6

对于人行翻坝路不宜过于简单，宽度、坡度都要以人能安全通过为原则。如照片7-7所示，拦挡坝较高，人行翻坝路较窄，行人通过有坠落的危险。如照片7-8所示的人行翻坝路按照正规人行踏步设计，既安全可靠，又美观大方。

照片7-7

照片7-8

4.有些拦挡坝坝顶需要成为防灾减灾的通道或村民通行的通道，对于顺着坝顶上通过的翻坝路，在设计拦挡坝时要综合考虑坝顶通行条件。如果坝顶要留车行道路，一是坝顶的宽度应在4.5 m左右，一般农用车能通过即可；二是溢流口设计成漫水桥式溢流口，溢流口两侧为弧形，坡度要小，一般≤8%，利于车辆与行人通过；三是在坝顶两边设置不影响过流的防护栏杆，既可保证通行安全，又不影响过流断面。这时的拦挡坝一方面是泥石流的治理工程，起拦蓄泥石流物质的作用；另一方面为防灾减灾的通道或者供村民行走的桥涵工程，是一项利民惠民的工程。照片7-9所示的是拦挡坝溢流口做成过水路面的情形，是一处横向翻坝路。该翻坝路应该补充车行防撞墙。

照片7-9

第八章　停淤工程

第一节　停淤工程的重要意义

泥石流停淤工程，是指在一定时间内，根据泥石流的运动与堆积原理，通过相应的工程措施将流动的泥石流引入预定的（一般在沟口堆积扇）平坦开阔洼地或邻近流域内的低洼地或人工围堰内，促使泥石流固体物质自然减速停流，从而大大削减下泄流体中的固体物质总量及洪峰流量，减少下游排导工程及沟槽内的淤积量。实践表明：采用停淤工程是治理泥石流的一种有效方法。尤其是对那些固体物质较多、固体物质颗粒较大、单纯的拦挡工程不足以拦截一定频率或者一个期限内的固体物质，又不完全具备基本排导条件（比如沟口为主河，和泥石流出山口高差较小，容易发生堵江堵河危害上游村镇安全）的泥石流，采取停淤工程进行治理，消除灾害隐患，往往能起到事半功倍的效果。同时，停淤面积比较大时，停淤效益更加明显。

另外，沟道内的泥石流固体物质单靠拦挡工程全拦蓄在坝内是不可能的，经过拦挡工程拦蓄后的山洪泥石流中仍然含有固体物质，这种山洪泥石流当排导工程坡降较小时，将停滞不前，形成洪积物，堵塞排导槽。在这种情况下，在排导工程下游的适当位置设置停淤工程，进一步停淤泥石流的固体物质，减小泥石流的重度，使治理后的高含沙洪水顺利的排泄到指定区段。

因此，停淤工程还担负着拦挡工程和排导工程所不及的功能，是治理泥石流灾害必不可少的重要手段之一。

第二节　停淤工程设置中存在的问题

停淤工程设置存在的主要问题有三方面。

1.对停淤工程的作用机理和功能缺乏认识。在泥石流的治理中，只注重拦排固工程，不注重停淤工程。在整个泥石流治理体系中，设置的停淤工程较少。

2.对停淤工程的重要作用了解不够，所设计的停淤工程作用单一，选择一次性停淤场较多，反复利用停淤坝的较少。

3.客观上讲，停淤场的最佳位置，往往被村镇或其他设施所占据，具备设置停淤工程的场地较少，这在一是程度上限制了停淤工程的设置。

第三节　停淤场的设置

针对以上存在的问题，因地制宜地设计符合实际情况和需要的停淤场，如坑式停淤场、清淤式停淤场等，才能达到停淤目的。

一、停淤场的布设原则

停淤场的布设随泥石流沟及堆积扇等地形条件而异，布置应遵循以下原则：

1.停淤场应布置在有足够停淤面积和停淤厚度的荒废洼地，在停淤场使用期间，泥石流应能保持自流方式，逐渐在场地上停淤。

2.新建停淤场应避开已建的公共设施，少占或不占农用耕地及草场。停淤场停止使用后，应具备综合开发利用价值。

3.停淤场需保证有足够的安全性，要防止泥石流暴发时，对停淤场的强烈冲刷及堵塞溃决引起新的灾害。

4.对于沟道停淤场，应满足泥石流能以自流方式进入停淤场地。引流口最好选择在沟道跌水坎的上游、两岸岩体相对坚硬完整地段，使泥石流在停淤场内以漫流形式沿一定方向减速停淤。

5.围堰式停淤场构筑的围堤高度和面积将决定泥石流停淤总量的大小。为了在有限的空间内加大停淤量，可对停淤场进行场地的整治，以加大停淤场的面积。

6.对于清淤式停淤场，要预留道路，以备清除停淤物质时使用。如照片8-1是一处小型清淤式停淤场。限于空间位置，设置了储存量较小的停淤场，为了及时地清理停淤物质，设置了行车道路，该停淤场正在进行清淤。

正在清淤的停淤场

照片8-1

二、停淤场的结构

停淤场的类型按其所处的平面位置，可划分为以下四种：

1.沟道型停淤场

沟道型停淤场实际是一种低坝式停淤场。一般处在沟道出口处，这时沟道比较宽阔，利用宽阔、平缓的泥石流沟道漫滩及一部分河流阶地，停淤大量的泥石流固体物

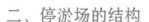

质。此类停淤场，不侵占耕地，抬高了沟床的高程，拓展了沟床宽度，为今后开发利用创造了条件。沟道型停淤场的结构与低坝结构一样，有主坝、副坝、翼墙、导流墙，这样的地段往往有道路存在，在修建时必须考虑翻坝路。

2.围堰式停淤场

在排导工程的上游地带，最大限度地利用现有空间位置，采用围堰工程，将上游泥石流引入此区域内，经停淤后，再将低密度泥石流引入排导槽内进行排泄。如照片8-2所示设立在沟口的小型可清淤的停淤坝，结构相对完整。

围堰式停淤场一般由拦挡坝、引流口、导流堤、围堤、分流墙或集流沟及排水或排泥浆的通道或堰口等组成。

照片8-2

3.坑式停淤场

甘肃陇南山大沟深，平台地较少，部分村庄建在松散固体物质非常发育的坡面泥石流的山坡下，在坡面上的小冲沟内无法设置拦挡工程和常规停淤场，更无条件修建排导工程。对于坡面型泥石流，一经降雨即形成坡面泥石流，直接影响坡下的建筑物和构筑物。如照片8-3所示，坡上是松散固体物质，坡下为建筑物，一旦遇到强降雨，即可形成坡面型泥石流，威胁

照片8-3

坡下建筑物。可在坡沟底部设置坑式停淤场，即在坡沟前预挖一定量的停淤坑，然后对坑的四周进行支护，其坑底进行衬砌，地面四周设置安全围栏，淤积坑前部或两侧设置排洪渠，每当发生泥石流后，固体物质淤积在预挖坑内，减速沉淀后的低重度泥石流排入排洪渠内排走。当坑内停淤固体物质达到一定量时，可及时进行清理。如图8-1所示。

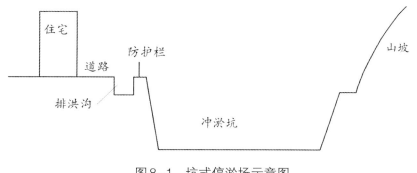

图8-1 坑式停淤场示意图

4.堆积扇停淤场

利用泥石流堆积扇的一部分或大部分低凹地作为泥石流固体物质的堆积地。停淤场的大小和使用时间，将根据堆积扇的形状大小、扇面坡度、扇体与主河的相互影响关系及其发展趋势、土地开发利用状况等条件而定。一般说来，若堆积扇发育于开阔的主河漫滩之上，则停淤场的面积及停淤泥沙量，将随河漫滩的扩大而增加。

三、停淤场使用年限的计算

停淤场的使用年限与泥石流的规模、暴发次数、停淤场的容积等直接相关。估算步骤如下：

1.按实际地形确定停淤场的形状和范围，选择相应的停淤方式，计算停淤场的面积。

2.按实际地形和停淤的需要，布置停淤工程。确定最高出流泥位高程。

3.按最高出流泥位推算最终停淤表面。据此，计算停淤场总停淤量。

4.根据一次泥石流过程的停淤量和年均停淤次数，估算其年均停淤量。

5.再按停淤场的总容积除以年均停淤量即得使用年限。

四、停淤场停淤量计算

有关停淤场停淤量的计算可参考本书第四编第三章有关停淤场的设计计算公式及周必凡等编著的《泥石流防治指南》。这里不再赘述。

第二编
泥石流灾害治理排导工程

第一章　排导槽工程

设置排导工程是治理泥石流灾害的最主要方法之一。而排导槽又是排导工程中使用最多的排导工程。排导槽是一种槽形线性过流构筑物，它将泥石流约束在设定排导槽内，以免泥石流乱流，并将其输送到指定的区域，同时还可以提高泥石流的流速，从而提高输沙能力和输沙粒径，进而有效保护排导槽两侧的各类建筑物和构筑物。照片1-1所示的甘肃舟曲泥石流防治工程中的排导槽工程，排泄能力达到800 m³/s，能有效地将泥石流输送到白龙江，保护舟曲县城的安全。

大型排导槽
800 m³/s

照片1-1

第一节　排导槽的重要意义

随着我国城镇化进度的加快，原有泄洪道两侧，甚至在洪道内修建了大量的村舍建筑物和构筑物。出了山口的泥石流如不加以约束和导流，势必横冲直撞，毁坏基础设施和农田，掩埋村庄。如2010年8月8日，甘肃省舟曲县城发生泥石流灾害，处在县城北部的三眼峪泥石流沟一次冲出量达150万 m³。由于原排洪沟道被挤占，泥石流漫溢冲毁房屋1700间，掩埋和失踪人员2890人，造成了惨重的损失。照片1-2所示的是救灾人员在被摧毁的建筑物中救灾现场。实践证明，对出了山口的泥石流要加以约束，将其排导到指定的区域是泥石流灾害治理的主要目标和任务。排导槽可单独使用或在综合防治工程中与拦蓄工程结合使

舟曲泥石流灾害救灾现场

照片1-2

用，特别是当地形条件对排泄有利时，利用排导槽可将泥石流排至预定区域而免除灾害。

第二节 规范排导槽建设的紧迫性

笔者在数百项排导槽工程的检查、验收中发现，大部分排导槽位置选取比较好，结构合理，起到了非常好的排导作用，有力地保护了排导槽两侧的农田、村庄和基础设施，将泥石流输送到了预定的地方。但也存在一些明显的不足或缺陷。

1.排导槽布设未充分考虑村民的通行道路，有相当一部分排导槽破坏和阻断了原有村道，村民为了通行拆除排导堤，排导槽的排导功能大大降低，有的排导槽甚至不起任何作用，这些开了口的排导槽造成较大的工程浪费不说，还引起了民怨，这是排导槽工程最突出的问题之一。如照片1-3所示的是设置排导槽时，没有考虑村道补偿和修筑，村民为了通行将排导槽拆除，这时的排导槽已经失去了应有作用，而且影响了村民的通行。

2.排导槽的走向布设不当，一味地截弯取直，拆迁、占地严重，增加了拆迁费和占地费，致使治理工程由于拆迁补偿等得不到解决，而一拖再拖。照片1-4所示的是排导槽沿原有的排洪沟布设，减少了庙宇和村民房屋的拆迁，兴利除弊。

照片1-3

沿排洪沟布设排导槽，避免了拆除庙宇或民房。

照片1-4

3.布设排导槽时只考虑了过槽流量与排导槽断面大小，没有考虑排导槽纵坡降及泥石流的类型、重度，致使设计的排导槽排导不顺畅，产生严重的淤积和漫溢，有的排导槽拐弯处没有设置超高墙，造成泥石流固体物质在拐弯外侧涌出堆积。如照片1-5所示，圈1是在排导槽拐弯外侧处设置了超高墙，成功地阻止了泥石流翻

照片1-5

越；圈2处没有设置超高墙，泥石流冲上了右岸；圈3排导槽比较平缓，流速偏低，泥石流固体物质停留在排导槽内。

4.没有将纵坡降作为主要内容进行设计，对于不符合泥石流纵坡降的排导槽未采取补偿措施。比较多的现象是排导槽成了停淤场。如照片1-5所示。

5.所选择的排导槽横断面单一，从排导槽的进口到出口只用一种横断面，排导槽的高宽比未进行优化组合，排导槽普遍偏宽，占据的平面空间较大，不利于束流排沙，也挤占了农田、村庄宅基地和村道。

6.排导堤堤身结构没有与堤后的地面高度相协调，无论堤后地面的高与低，不管堤后是道路，还是农田，以夯填了事。有些背土夯填压占了道路或农田等，大多数被村民铲除移走，没有"靠山"的排导堤，当泥石流通过排导槽时，排导堤会发生外倾事故。如照片1-6所示，由于排导堤外侧的填土不高，而且没有夯实，排导堤为仰斜式，结果在较小的泥石流影响下排导堤发生外倾破坏。

照片1-6

7.排导槽的进出口设置单一，直进直出。进口段致使泥石流不能归槽，在进口处冲击破坏排导堤。如照片1-7所示，排导槽进口没有考虑泥石流归槽的问题，泥石流冲击破坏排导堤，该处应该设置成喇叭口，同时要设置门槛坝保护排导槽进口。当排导槽出口为直出口时，泥石流直接冲到了河流中，使泥石流在主河道中形成水墙，抬高主河道的水位，形成堰塞湖。照片1-8所示的是排导槽出口与河道垂直，泥石流中的泥沙堆积到河道中，易形成堰塞湖。

照片1-7

照片1-8

8.执行设防标准意识淡薄，设防标准偏高的现象严重，使排导槽占据平面空间增大，造成无谓的占地或拆迁，同时增加了工程投资。

9.排导槽两侧堤后土石坝结构设计。排导槽堤后土石坝是排导槽工程的重要组成部分，事关排导堤的稳定性和村民的出行方便。设计者须按照原有排洪沟两侧的环境条件设置土堤坝工程。如果是以堤代路，则土堤坝宽度要根据所通行的车辆而确定，一般大于 3.0 m；如果堤后是荒地，则堤后的土堤坝宽度要大于 2.0 m；如果堤后是农田，则堤后要恢复成农田。

（1）堤后原有道路、荒地或农田，其高度与排导堤高度相差无几时：

①如果是道路，则要设计成以堤代路的土石坝，排导堤要高于土堤坝 40 cm 左右，土堤坝既是排导堤的"靠山"，又是村民的道路。

②如果堤后是农田，则只对施工遗留槽进行夯填处理，顶部要恢复成农田的标准，排导堤要高于农田平面 40 cm 左右。

③如果堤后是荒地，则要将施工遗留槽进行夯填处理，堤后整治成有形有状的土石坝。

（2）堤后原来是道路、荒地或农田，且低于排导堤高度的 1/4 以上时，则要改变排导堤的堤型结构，一般要用梯形结构或俯斜式结构，但最终排导堤结构、高度等要以稳定性计算为依据。而堤后的土石坝结构如前所述。

以上这九方面的排导槽设置问题，应该引起大家的高度重视，否则，我们所修的一个个"病态"排导槽工程，排导作用不大，倒给村民的生产生活带来了麻烦，增加了安全隐患。

第三节　排导槽的设计步骤

排导槽由进口段、急流段和出口段组成。由于各部分的作用与功能不同，对其平面布设与设计的要求也不相同。排导槽布设既要符合沟道的现状，以减少工程量，又要适应沟床演变，有利于入流和下泄。排导槽一般沿原沟道走向布设，应力求线路顺直、纵坡降大和长度短。此外，排导槽总体布置还应考虑与现有工程或沟道的防治总体规划相适应。

排导槽的设计步骤为：

1.按照实际情况确定排导槽的设防标准；

2.选择排导槽的进出口位置及结构；

3.踏勘确定排导槽的走径；

4.测量确定排导槽现有的纵坡降和需要的纵坡降；

5.制定提高纵坡降的方案；

6.计算确定排导槽的横断面；

7.根据排导槽与地面的高度选择堤型结构；

8.设置排导堤的辅助结构；

9.排导堤堤后土石坝结构；

10.村道的恢复与补偿措施。

第四节　排导槽的设防标准、走径和断面

一、泥石流灾害的防治标准

实际工作中，由于对泥石流设防标准认识不足，设计人员按照自己的判断制定设防标准，造成工程保守，如泥石流沟道汇流面积很大，而保护对象只有几户村民，结果设防按照高标准进行，通过村庄的排导槽由于设防标准的提高，又高又宽。有的过分截弯取直，破坏原有的村庄布局，破坏原有的村道，有的砍伐树木，有的要进行拆迁，这些"超标准"设计不仅造成了投资浪费，还给村民通行造成了不便或困难。

因此，严格依照相关规范选择排导槽的设防标准非常重要。除了特殊要求外，不得随意改变设防标准。

泥石流与洪水都是由降雨引发的。如果在一定时间内降雨强度较小，沟道内的泥石流固体物质难以启动，则为洪水。如果在一定时间内降雨强度足以启动沟道内的泥石流固体物质，则引发泥石流。另外，就泥石流而言，其形成有一个过程，最初为洪水，后来发展成泥石流，再后来又成为洪水，直至消失。这就是说，没有单纯的泥石流，而是洪水与泥石流的混合体。

泥石流防治标准与洪水防治标准类似，都是以其工程设计保证率来表达的，即保证防治工程的设防能力，能控制在相应频率下的泥石流规模时不致造成人员与财产的损失。泥石流防治标准，与国家财力物力的强弱紧密相关，防治工程标准愈高，工程则越安全，但所需的防治费用就越多。因此，设防标准要严格遵守需求和能力相一致的原则。就泥石流灾害而言，泥石流防治标准除被保护对象的安全要求外，同时，还要考虑泥石流的类型、活动规模、危害程度及发展趋势的影响。泥石流的规模愈大，破坏作用亦大，造成的危害就越严重。但受危害对象的价值不同，造成的危害也就不一样。规模小的泥石流若危害价值很高的保护对象，同样会造成大灾害。对处于发展期的泥石流，其规模与危害性将会有进一步增大的可能。但处于衰退期的泥石流，虽然在短期内仍有一定的危害，而随着所处环境逐步转入良性循环，泥石流的活动规模与危害必将减小，防治标准就应适当降低，但不能小于防洪标准所规定的限值。防洪标准按照《防洪标准》（GB/T50201—2014）来设定。

排导工程设计计算中经常使用的流量系数计算十分复杂，笔者将中国科学院兰州分院祁龙研究员的研究成果进行了汇总整理，在表1-1中列出了排导工程中泥石流的流量系数，供大家参考。

表1-1 各类降雨强度的泥石流流量系数值

重现期(年)	100	50	40	30	20	10
$K(\%)$	1	2	3.3	4	5	10
系数	1	0.8	0.68	0.64	0.5	0.48

注：泥石流流量系数来自于祁龙研究员的估算值。

二、排导槽的走径与纵坡降

排导槽纵坡降是排导槽设计的重要内容，需要认真对待，泥石流排导槽的纵坡降与泥石流的重度、性能和类别有关。大多数排导槽需要布设在裸体的自然沟道中，而裸体自然沟道内垃圾成堆，杂草丛生，甚至生长有树木，沟道中有纵横交错的村道，沟道的堵塞系数很高，且沟道内没有设置拦挡工程。而泥石流灾害治理工程，是在沟道内设置了拦挡工程，拦蓄了一定的固体物质，出了山口的泥石流已经变成了洪水或低重度的稀性泥石流。又在原排洪道内设置了比较规整的排导槽，其堵塞系数大大降低，泥石流流速加快，束流攻沙能力较强。这是在设计中必须考虑的因素之一。

如果设计的排导槽确需加宽加高，比原来的排洪沟宽了许多，这样的排导槽其束流攻沙能力降低了，原有的坡降不能满足现有的流速。这时要按照泥石流的类型与重度调整纵坡降，防止泥石流的淤积。表1-2根据泥石流的类型和重度给出了排导槽相应的纵坡降经验值。

表1-2 泥石流排导槽合理的纵坡降

泥石流的性能	稀性泥石流						黏性泥石流		
重度	1.3～1.5		1.5～1.6		1.6～1.8		1.8～2.0		2.0～2.2
类别	泥流	泥石流	泥流	泥石流	泥流	泥石流	水石流	泥石流	泥石流
坡降(%)	3	3～5	3～5	5～7		7～10	5～15	8～12	10～18

三、排导槽布设

实际中，泥石流发育的地方，村民宅基地比较多，村寨往往修建在泥石流的洪积扇、泥石流沟道两侧，甚至排洪沟道内。有些民房的所在地恰是排导槽的最佳地段。从排导槽要顺直的要求讲就要拆迁民房。而一旦截弯取直，势必拆迁或占地，将有限的资金用于拆迁和占地赔偿，则工程费用将大大降低。

因此，要综合考虑排导槽的走径，具体情况具体对待，遵循"小弯打直，大弯就势"的原则进行，尽量少占地，少拆迁。确需占地、拆迁也要谨慎对待，将有限的资金用在工程治理上。照片9所示的是排导槽按照原来的走向布设，减少了山体的削坡和楼房的拆除。

照片1-9

四、提高纵坡降的措施

一般来讲，排导槽的设计往往要符合泥石流性能、类别、重度及纵坡降。而实际中，满足泥石流性能、类别、重度及纵坡降的泥石流沟道较少，有相当一部分是纵坡降小、泥石流性能差。在这种情况下，需采取一定工程措施，以便满足泥石流对排导槽纵坡降的要求。

1.抬高排导槽上游沟床高度，其最简单的方法是在排导槽的进口处设置拦挡坝，即坝式进口。坝式进口一是拦蓄了一定量的泥石流固体物质，二是将有效抬高排导槽的进口处标高，提高了排导槽的纵坡降，增加了泥石流的势能，提高了泥石流的流速。照片1-10所示的是在排导槽的进口处设置了低坝进口，除了较好地保护了排导槽的进口外，也提高了排导槽的纵坡降。

2.采用停淤场，在沟口的地方或洪积扇的地方设置停淤坝拦蓄固体物质，改变泥石流的性能，降低泥石流的重度，将黏性泥石流改变成稀性泥石流。照片1-11所示的是一座可清淤的停淤场，因为穿过村镇的排导槽出口处河道的河床较高，致使排导槽的纵坡降较小，因此只有降低泥石流的重度，使泥石流以洪水的形式排进河道。

照片1-10

纵坡降较小的排导槽

照片1-11

3.在规范的范围内，缩小排导槽的宽度，加大排导槽的深度，提高排导槽的"束流攻沙"能力。如照片1-9所示，排导槽高度与宽度比为1∶1，其束流攻沙能力较强。

4.采用三角形断面的排导堤，三角形横断面为全衬砌断面，三角形断面有效地减小了粗糙度，降低了堵塞系数，提高了输沙能力。另外，三角形横断面沉渣堆积的底部，断面小，流速快，沉渣很容易被带走。三角形排导槽经常用在过流断面小、纵坡降较小的地段。照片1-12所示的是三角形排导槽，地面以上的是矩形槽，地面以下是三角槽，非常有利于排泄泥石流。

照片1-12

五、排导槽的横断面

排导槽的横断面有梯形、矩形、三角形、弧形底形和复合型，选择哪一种横断面，需具体情况具体分析。表1-3是规范中给出的各种断面的排导槽适应的泥石流的性能和各类断面的排导槽的高宽比。实际中排导槽断面的选取比较复杂，除了考虑泥石流的性能外，关键要考虑排导槽位置周边的地形和建筑物、构筑物的分布情况。选取排导槽断面要遵循以下原则。

表1-3 各类断面形式的宽深比表

断面现状	梯形或矩形	三角形	复合型
使用条件	各类性质的泥石流	泥石流频繁发生的黏性泥石流	泥石流间歇发生，流量忽大忽小
宽深比值范围	2～6	1.5～4	3～10

1.按照泥石流的性能和坡降选取排导槽的结构，一般以梯形为主，对于坡降较小的排导槽，为了提高泥石流的流速，可以使用三角形排导槽或圆弧底槽。如照片1-12所示。

2.为了与村庄的用地、道路相协调，排导槽断面可以设置成复合断面。如照片1-13所示是一处复合型排导槽。一般泥石流可在下部的主排导槽内排泄，而上部的副排导槽两侧是人行道和车行道，当泥石流大时，上部的副排导槽与下部的主排导槽一起排泄泥石流。

3.按照泥石流的流体力学，排导槽宜窄不宜宽。排导槽窄，高度相对大，流速快，有利于排沙，同时占据平面空间小。所以，排导槽的宽深比取下限1∶0.8为宜。照片1-14所示的是深宽比为1∶0.8的排导槽，平面占据空间小，排导槽较深，利于束流攻沙，在排导槽顶部搭建了便桥。

4.对于排导槽一侧是道路的排导槽，排导槽的超高部分要高于地面，这时的超高既是排导槽的超高墙，又是车辆行驶的防撞墙，还是人行的安全墙，可谓一举三得。

便桥

照片1-13

照片1-14

总之，选择排导槽断面涉及的因素很多，特别是通过村镇的排导槽，涉及的因素更多，最终，在考虑排导槽的断面时，既要考虑技术原则，又要考虑村民的实际需要。

第五节　排导槽的堤身结构与高度

排导槽中的排导堤的几何形状、尺寸大小及附属结构基本与边坡中挡土墙的几何形状、尺寸大小及附属结构相同，因此，本书中对排导堤有关问题的论述也适用于挡土墙工程。

一、堤身结构的重要性

在排导槽的设计中，排导堤几何形状的选择是设计的最重要内容之一。这里用了最重要三个字，可见它的重要程度。排导堤几何形状与堤后的地形条件有密切的关系；与堤后的构筑物相关；与堤后的地面高低相关。排导堤的堤身结构与堤后的地面、构筑物结合得好，将起到事半功倍的作用。所以，排导堤堤身几何形状的选择是非常重要的设计内容。

二、堤身结构选择中存在的问题

实际中，排导堤堤身结构的选择存在诸多问题，主要表现在以下几方面。

1.堤身高度与自然平面不协调

一般村镇原始的排洪道两侧都为村镇道路，排洪道两侧村民通过形式多样的道路通行。而排导槽穿过村镇时，势必改变或阻断原来的道路系统，布设排导槽时，如果没有考虑恢复或补偿排导槽两侧村民的通行因素，排导槽高出了原地面许多，一是给恢复或补偿村道造成极大的困难；二是给村民出行造成了困难。如照片1-15所示，右侧排导堤后有住户院墙，原有的沟道便道已不复存在。村民自行将排导堤拆了个豁口做出行通道。如此，排导堤失去了束流作用，村民房屋又成了泥石流的危害对象。所以，在布设排导槽的走向与高度时要避免这种情况的发生。这是排导槽设计要考虑的最重要的因素之一。

2.堤身形式与堤后地形不协调

有相当多的村镇地形与沟床高差不大，致使所需的排导槽不得不高于地面，对于这种条件下的排导槽，不综合分析、研究排导堤堤身结构的受力状况和沟道地形地貌，一味地选择仰斜式或直立式排导堤，如果堤后无背土夯填的支撑，排导堤有倾倒的危险，存在安全隐患。如照片1-16所示，排导槽外侧是村道，胸坡比较大，背坡直立，如果排导槽内有一定高度的泥石流，该排导堤极有可能向外倾倒，压埋行人或车辆。后来在堤后采取了支顶措施。为了稳定排导堤，有些设计者则在堤后设置了背土夯填，殊不知，背土夯填又压占了道路和农田，背土夯填往往实现不了，这是现实情况。

照片1-15　　照片1-16

3.堤身结构与堤后构筑物不协调

对于堤后为道路的排导堤，使用仰斜式排导堤不但挤占了原有道路的空间位置，而且给道路地基的夯实造成了困难。如照片1-16所示，排导槽外侧是村道，无法进行背土夯填。

三、合理选择排导堤堤身结构

排导堤堤身结构与挡土墙一样，其结构形式有：衡重式、俯斜式、直立形、梯形和仰斜式。不同的结构形式的用途是不同的。

1.排导堤堤后有"靠山"的排导堤，也就是排导堤堤身低于或平齐于自然地面，堤身断面可选择直立形或仰斜式。

对于堤后坡形比较平整，开挖整治较少的地段，可依坡就势选取仰斜式排导堤。

对于"靠山"地形起伏幅度较大，开挖整平土方量大的山坡，堤后需要进行背土夯填的地段，可选择直立形排导堤，便于整齐划一，便于背土夯填。如照片1-17所示，排导堤是直立形的，堤后有"靠山"，这种结构是合理的。

2.对于高出外侧地面的排导堤，再加上堤后是村镇道路，无论是全高还是半高，排导堤堤身断面必须设置成梯形或反直立形，其背坡比要大于胸坡比。而坡比大小要根据排导槽内泥石流满负荷运行时的侧向压力确定，以确保堤身的稳定性。如照片1-18所示，堤身全部暴露在外，为了保证排导堤的稳定性，采用了背坡与胸坡一样的梯形结构，比较合理。对于堤外没有"靠山"的排导堤，除了堤身是梯形外，内外都要勾缝，但不能设置排水孔。对于这种排导堤，一是堤身材料最好用素混凝土或钢筋混凝土；二是堤身不设排水孔；三是必须设置好伸缩缝的防水，以防伸缩缝漏水；四是堤身内外都要美观大方，做好勾缝。

照片1-17

照片1-18

3.排导槽外侧是道路且堤顶与道路平齐，这时设置成衡重式排导堤比较合理。无论从受力状态、占据空间方面还是施工便利方面，衡重式排导堤都是配合道路建设的最佳堤身结构。照片1-19所示的是单边衡重式排导堤，路面以上设置了超高墙，这个超高墙还起车辆的防撞墙和行人的安全墙作用，可谓一墙三用。对于这张照片显示的道路与排导堤的配合情况，如果左侧高于内侧，再于超高墙底部设置一定数量的排水孔，则更合理。采用什么样的堤型结构，最终要以稳定性计算为依据。

照片1-19

4.在布设排导槽走径时，排导槽的高度尽量与地面高度一致，特别是穿过村镇的排导槽高度更是这样。这样的高度将为恢复村镇道路提供必要的条件。

四、排导堤堤身结构设计

排导堤一般有三种型式：A型堤为堤后地面与排导槽平齐时，堤身为直立型或仰斜式；B型排导堤为梯形结构，适宜于堤后为地面半高；C型为反直立型的排导堤，适宜于堤后地面与槽底一样高的排导槽。这三种堤型内外临空的部分不设排水孔。图1-1给出了堤后地面不同高度下的堤身结构，供参考。

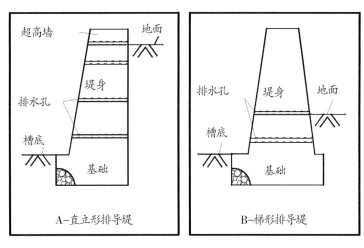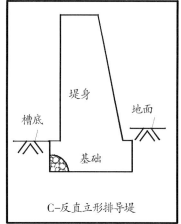

图1-1 堤后不同地面高度排导堤身结构示意图

第二章　排导堤的附属结构

排导堤的附属结构由伸缩缝、排水孔、压顶、堤后夯填等组成。在实际中这些简单的结构问题，由于从设计到施工不认真对待，造成堤身损伤、堤后水分排泄不佳的"缺陷"工程不少，有些排导堤的附属结构甚至由于设计不当，造成了工程质量问题或工程投资浪费。

第一节　排导堤的伸缩缝

一、伸缩缝的重要意义

伸缩缝是用来防止物体因热胀冷缩而遭到破坏的结构。如果构筑物的地基承载力有差异，要根据地基承载力的差异设置沉降缝，这时的伸缩缝又叫沉降缝。伸缩缝由两部分组成：一部分是防止结构体热胀冷缩的部分；另一部分是既要防止热胀冷缩，又要防水的部分。排导堤如不设伸缩缝，排导槽将因热胀冷缩损坏。而排导槽伸缩缝外围防水不佳，水流经伸缩缝浸入地基将浸泡地基，使之产生不均匀沉降，进而破坏排导槽本身。水流经伸缩缝浸入浆砌块石中将降低砌体的强度。因此，做好排导槽的伸缩缝是非常重要的。

二、伸缩缝存在问题

看似简单的伸缩缝或沉降缝却存在诸多问题，主要有以下几个方面：

1.无论设计者还是施工者，不重视伸缩缝的设置，对伸缩缝的重要意义不理解，存在挡土墙和排导堤少设，甚至不设伸缩缝的情况。

2.由于浆砌石排导堤留取伸缩缝比较困难，费时费工费材料，施工单位就在设计的位置上搞假伸缩缝，而实际需要设置伸缩缝的部位伸缩缝缺失，导致堤身结构开裂破坏。如照片2-1所示，浆砌块石排导槽的伸缩缝是一条假伸缩缝，右侧的实际伸缩缝已经开裂。有些设计者对排导堤伸缩缝厚度、宽度、深度及其充填物不明确，致使施工者随意设置伸缩缝，填塞物应为沥青木板的只有木板没有沥青，应为沥青麻丝的只有麻丝没有沥青，有的以麻绳代替麻丝等。照片2-2所示的是没有沥青保护的木板产生腐朽的情景。如照片2-3所示的沥青麻丝伸缩缝，只是麻绳，不是麻丝，也没有浸入沥青。

3.对伸缩缝的结构一知半解，以为伸缩缝内外一样，外围三面的伸缩缝没有防水结构，或者防水结构不科学，阻止不了水分的浸入。

三、合理设置伸缩缝

1.认真对待伸缩缝的设计是至关重要的，伸缩缝是防止排导堤热胀冷缩的结构，任何排导堤都要设置伸缩缝，没有伸缩缝的排导堤是有缺陷的排导堤。

2.明确伸缩缝是由两部分组成的：中间的伸缩缝部分和外围三面的防水结构部分，中间部分可放置2～3 cm隔离板，可抽回再用，或放置闭孔塑料泡沫板，可不抽取。外围三面既要防伸缩又要防水，它是排导堤完成后的工作，其宽度在2～3 cm，深度为15～20 cm，其内填塞的材料为沥青麻丝或沥青木板或塑胶制品。沥青麻丝应该是在熔化的沥青中浸泡麻丝，然后将沥青麻丝塞入伸缩缝中。图2-1所示的是伸缩缝内外结构的示意图。

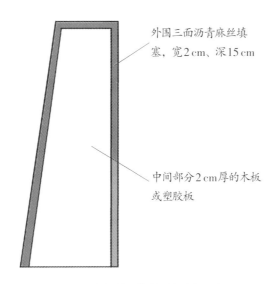

外围三面沥青麻丝填
塞，宽2 cm、深15 cm

中间部分2 cm厚的木板
或塑胶板

图2-1　排道堤伸缩缝设计示意图

鉴于浆砌块石排导堤为不规则石块组成，给施工伸缩缝带来诸多困难，伸缩缝两侧难以整齐划一，严重影响伸缩缝的质量。针对这一问题，在伸缩缝两侧改用强度≥C30的混凝土砖砌筑将大大改进和提高伸缩缝的质量，同时又给施工带来了方便，建议≥C30混凝土砖长×宽×厚为30 cm×20 cm×15 cm。如照片2-4所示，在浆砌块石排导堤伸缩缝两侧砌筑了强度近似于块石的C30混凝土砖，便于整齐划一，施工方便，防水效果好，而且美观。

C30混凝土砖

照片2-4

第二节　排导堤堤后的防水措施

所谓排导堤防水就是通过一定的结构措施，一是减少地表水下渗至堤后的土体中，防止土体遭受水分的浸泡产生膨胀作用和产生静水压力破坏排导堤；二是防止水分渗入排导堤的地基中，浸泡软化地基，造成排导堤的不均匀沉降；三是防止水分进入墙体内，浸湿破坏排导堤。排导堤排水措施既要排除有形水流，又要散发无形的水汽。如照片2-5所示，排导堤排水孔较好地排走了堤身后土体中的水分。

如果排导槽排导堤不设排水孔或排水孔质量差，堤后的水分不能及时排走发生

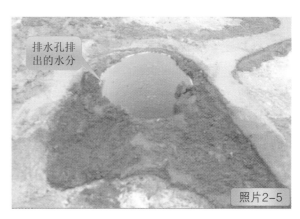

排水孔排
出的水分

照片2-5

积水，当气温在冰点以下时，会产生冻胀，冻胀会摧毁浆砌块石排导堤。照片2-6所示的是两层厚的红砖挡土墙，只设置了15 cm长的排水孔，由于排水孔不起作用，墙后聚集了大量的水分，结果墙后水分发生冻胀，摧毁了挡土墙的惨状。

如果排导槽排导堤不设排水孔，堤后的水分不能及时排走，如果堤后是膨胀土，遇水引发膨胀，同样会摧毁浆砌块石排导堤。照片2-7所示的是堤后为红色黏性土，由于排导堤没有设置排水孔，地表水渗入堤后的土体中发生膨胀，将排导堤摧毁的惨状。

如果排导槽排导堤不设排水孔，堤后的水分不能及时排走，如果堤后存在污水，污水会腐蚀破坏混凝土。照片2-8所示的是挂网喷砼不到一年土钉墙，墙后渗出的污水浸湿破坏钢筋混凝土的情景。

所以只有做好排导堤堤后的排水措施，才能消除排导堤提后因积水而产生的各种破坏形式。排导堤排水系统是排导堤设计的重要内容，没有排水系统的排导堤是不完整的排导堤，是存在缺陷的排导堤。

一、排导堤排水结构存在的问题

1.对排导堤排水重要性认识不足，认为排水设施可有可无。所以，有些排导堤竟然没有设计排水孔等排水设施。没有排水措施的排导堤必将因"水汽"而破坏。

2.排导堤排水措施单一，只在排导堤上设置排水孔，而忽视了堤顶防水措施等，结果是排水不完全、不彻底，排导堤因堤顶防水不到位而遭到破坏。

3.堤身背后不做夯填或夯填密实度不够。结果是：一是裸露的砂浆会很快风化瓦解，堤身强度大大降低。照片2-9所示的是堤后没有进行夯填，同时堤后墙面裸露的砂浆风化瓦解，块石跌落的情景。二是堤后存在的空间不是夯填，而是推填了事，加之浆砌块石排导堤堤后不进行砂浆勾缝或砂浆抹面，堤后水分会进入墙体内，侵蚀破坏墙体。照片2-10所示的是排水孔隔水层、反滤层均不合格，堤后没有砂浆勾缝，使堤身遭到大面积的渗水侵蚀破坏。

照片2-9

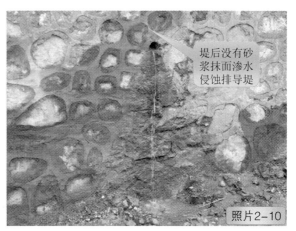

堤后没有砂浆抹面渗水侵蚀排导堤

照片2-10

4.排水管与反滤层脱节。排水管没有设置滤水管，且没有伸进反滤层中，排水管的长度与排导堤厚等同，其实质是隔水层、反滤层、排水管和滤水管没有有机地联系在一起，极易发生堵塞，无处排泄的水分只能渗透进排导堤内，侵蚀破坏排导堤和浸泡地基。照片2-11所示的是排水孔隔水层、反滤层均不合格，排水孔在疏水的过程中被隔水层黏土堵塞，堤后水分侵蚀排导堤的情景。

排水孔没有反滤层造成堵塞后的情景

照片2-11

二、合理的排水系统

排导堤需要设置排水系统。排水系统包括四部分，即堤后墙身的砂浆勾缝或砂浆抹面、堤后回填土的夯填、堤顶排水与堤身排水孔排水。

1.砂浆勾缝或砂浆抹面措施

浆砌块石排导堤外侧不管是露出的墙面还是掩埋的墙面都要进行砂浆勾缝或砂浆抹面，以防止水分从堤身后进入堤身而破坏排导堤，这是防水措施中最重要、最关键的措施之一。照片2-12所示的是排导堤堤后裸露，堤后墙面进行了砂浆勾缝或填缝，有效地防止了提后墙面的风化破坏。

堤后砂浆填缝

照片2-12

2. 堤后的夯填措施

堤后空间部分要做到分层夯填，密实度须达到小型机械夯实能达到的密实度。根据经验，密实度一般要求在0.85以上。这是防止因堤身暴露而风化破坏的重要措施之一。

3. 堤后地表防水措施

这是从源头上防止雨水进入排导堤。排导堤地表排水系统要综合考虑，或直接用散水的形式经排导堤堤身排进排导槽内，或用其他结构形式的排水措施排至其他地方。如照片2-13所示，排导堤堤后隔水层和反滤层处理得比较好，排水孔正在疏干堤后的水分，堤身没有受到水汽的影响。

比较好的排导堤排水效果

照片2-13

排导堤背土夯填顶部的排水建议采用散水形式，将地表水疏散到排导槽内，这主要有两个方面的原因：之一是排导堤堤后多为填土，即使是夯填土也很难达到修建槽形排水渠要求的基础，其强度较差；之二是槽形排水渠容易堆积杂草或土体，发生堵塞的概率大。如照片2-14所示，将地面降水通过散水的形式经墙身排泄到排导槽中的结构，排水效果好。

这是一处挡土墙上面的散水

照片2-14

4.排水孔

（1）位置、间距及大小

排水孔是为了迅速疏干堤后积水或水汽的结构体，排导堤的排水孔是必设的。与挡土墙比较，排导堤阶段性浸水面，但是浸水是暂时的，或是间歇的，因此其结构体和位置与挡土墙相同。竖向间距为1.0～1.5 m，最下排泄水孔应高出排导堤排水渠顶面0.3 m，而不是墙趾地面0.3 m；顶部一行距排导堤顶部为1.0 m左右；其他排水孔视排导堤的高度均匀分布。横向间距为2～3 m，上下交错分布在排导堤上。排水孔采用具有一定厚度和强度的PVC塑料圆管，其直径以75～110 mm为宜。

（2）隔水层

为防止水分渗入地基中，在每个排水孔的底部应设置黏土（或三七灰土或2∶8水泥土）隔水层，隔水层的几何尺寸要视堤后的空间位置而定，一般为30 cm见方，15 cm厚。

（3）反滤层

反滤层置于土工布包扎的袋中或塑料网袋中，置于隔水层的上部。反滤层的几何尺寸应小于隔水层，但排水滤水管外围的反滤层要有一定的厚度，一般要大于15 cm。

（4）排水管

排水管分滤水管与实管。滤水管要放置在隔水层的上部，反滤层包的中下部。实管放置在排导堤中，滤水管长度要≥15 cm，实管长度与所处的排导堤厚度等长。排水孔进口处应设置较大的砾卵石，以避免堵塞孔道。鉴于排导堤墙面为浸水墙面，排水孔坡度应≥5%为宜。图2-2所示的是排导堤、排水管、花管、隔水层和反滤层的关系图。只要按照以上的要求做了，排水孔就可以有效疏干排导堤堤后的水分，如照片2-13所示的排导堤排水孔正在疏干堤后土体中的水分，排出的水是清的，证明排水孔的排水管、花管、隔水层和反滤层都做得比较规整，而墙面没有遭到水分的侵蚀，证明堤后墙面进行砂浆勾缝。

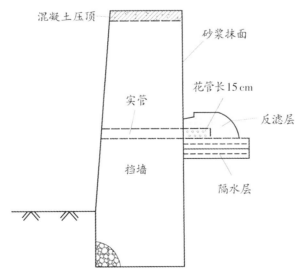

图2-2 排导堤排水孔、隔水层、反滤层之间的关系图

另外，PVC塑料排水管的直径和厚度是值得注意的问题，普遍存在的问题一是所给出的直径（多数为100 mm），在PVC塑料管的系列中较少；二是只给出直径，没有给出厚度，致使PVC塑料管的厚度很薄，在修建的过程中即被挤压变形破坏，有的甚至风化破损。如照片2-15所示的是格构中的排水管露出部分已经风化破损。

排水管太薄遭分化瓦解

照片2-15

建议排导堤排水管的实管和滤水管使用ø75 mm×2.3 mm或ø110 mm×3.2 mm的PVC塑料管。

排导堤正面为浸水墙面，设置了排水孔后，一旦排泄泥石流，排水孔要发生水流倒灌现象。但是，排导堤排水孔产生倒灌的时间相对堤后水分对排导堤的侵蚀破坏的时间要短得多，权衡其弊，取其轻。因此，作为排导堤设置排水孔是必需的。

如果堤后没有空间实施"鸡窝状"排水孔，可采用排水管进入山体内的排水结构，即排水管的滤水管（长0.5 m）部分要进入山体，外包两层40目的尼龙网，其他结构与常规排水管相同，这种排水管主要是排泄山体中的水汽。

第三节 排导堤的压顶

浆砌块石排导堤的压顶是用来防水的。一般多用厚5 cm的M10砂浆水泥为材料进行封堵。根据观察，用水泥砂浆压顶效果不佳：一是强度较低，容易被山坡上的落石、滚石击碎破坏；二是水泥砂浆容易开裂，防水效果较差；三是处在村镇部位排导堤的水泥砂浆压顶容易遭到人为的破坏。如照片2-16所示，排导堤顶部用砂浆水泥压顶，压顶被碎石破坏。

鉴于上述原因，利用混凝土代替砂浆压顶效果更好。其优点有三：一是防水效

被损坏的砂浆压顶

照片2-16

果比较好；二是大大提高了排导堤的整体性；三是强度高，不容易破损。

素混凝土排导堤压顶强度要≥C30，厚度一般≥15 cm，便于支模施工。如照片2-17所示，浆砌石排导堤顶部进行了15 cm厚、强度C30素混凝土压顶，其效果较好。值得注意的是，排导堤混凝土压顶的伸缩缝不能与排导堤的伸缩缝成通缝，这样混凝土压顶可覆盖排导堤伸缩缝，提高排导堤的整体性。

照片2-17

第四节　排导堤基础与防冲槛

一、排导堤基础的重要意义

任何处在地表上的工程都由基础工程和地面工程两部分组成。排导槽的排导堤工程也包括地面工程和地面以下基础工程。基础工程的埋深是基础工程的主要组成部分，它除了一般工程的功能外，还具有防泥石流的掏蚀、侧蚀作用。排导堤基础过浅的结果：一是基础不稳；二是会遭到泥石流的冲刷、掏蚀和侧蚀使基础外漏甚至倒塌，如果基础过深会造成工程浪费。为了防止排导堤基础遭到冲刷掏蚀破坏，除了排导堤有一定的基础深度外，还可在排导槽中按照一定的间距设置防冲槛，如照片2-18所示的排导堤防冲槛的间距比较合理，有效保护了排导堤基础。

照片2-18

二、排导堤基础埋深存在的问题

设置排导堤时，由于对基础埋深和防冲槛数量缺乏科学的分析计算，只是主观随意地设置。主要存在以下几方面问题：

1. 对于排导堤基础埋深，只是简单地按照经验或冻土深度设置，不进行校核计算。

这样所设置的排导堤基础埋深带有盲目性，非深即浅。基础埋深过浅，洪水冲刷后，排导堤基础出露，易垮塌。照片2-19所示的就是排导堤基础过浅，在泥石流的冲刷下，基础掏空下沉，向后倾倒。

排导堤基础过浅，洪水掏蚀基础造成倒塌

照片2-19

2. 不分析泥石流的形成过程、冲淤变化和纵坡降，无论排导槽的上、下游，设置一样的基础埋深。有的在设置排导堤的基础埋深时，已经考虑了冲刷因素，但又设置了密集防冲槛，结果造成了工程浪费。

3. 对防冲槛的作用理解不深，滥用防冲槛。设计防冲槛时不按照坡降进行计算，只是简单地给一个间距了事；对防冲槛高度不依照冲刷深度和回淤规律进行计算，设计的防冲槛与沟床平齐，最终防冲槛没有较好地起到保护排导堤基础的作用。照片2-20所示的是排导槽坡降较大，又是长流水沟，而所设置的防冲槛间距过大，防冲槛高度不够，排导堤的基础外露。

防冲槛的高度不够及间距大没有起到保护基础的作用

照片2-20

4. 防冲刷的方法单一，不论排导槽纵坡降的大小和宽窄，一律采用防冲槛，降低了防冲刷能力和增加了成本。如照片2-21所示，排导槽坡降达到20%，槽宽只有2.5m左右。在这种情况下仍然设置了防冲槛，而防冲槛的高度又不够，冲刷作用造成排导堤基础外露，防冲槛没有较好地起到保护排导堤基础的作用。

排导槽坡降较大

照片2-21

5. 对防冲槛遭受泥石流的破坏力认识不足，设置的浆砌块石防冲槛没有混凝土压顶，致使防冲槛自身遭到泥石流的破坏，降低了保护排导堤基础的能力。如照片2-22所示的排导堤防冲槛，没有设置混凝土压顶，防冲槛已经损坏。

未设置防冲槛压顶，防冲槛遭到破坏

照片2-22

泥石流防治工程常见问题及其对策研究

三、排导堤基础埋深和防冲槛的设置

1.按照洪水介质计算冲刷深度

与洪水相比，泥石流的重度大，所含的固体物质较多，故冲刷基础的能力没有洪水强，冲刷深度没有洪水大。无论是排导堤的基础，还是防冲槛的埋深，其冲刷深度都要按照洪水介质来计算。其原因有三：一是泥石流的前期和后期都是洪水；二是在治理泥石流的措施中，在沟道中已经设置了拦挡工程，拦蓄了一定的固体物质，泥石流中的固体物质有所减少；三是有的沟道本身就是长流水沟道，而且流量较大，这些水流基本属于清水或洪水，对于这样条件下的排导堤基础埋深，必须按照洪水介质来计算基础的冲刷深度。如照片2-23所示的排导槽内为长流水，长流水冲刷排导堤基础，致使基础暴露。

照片2-23

堤岸冲刷深度要按照《提防工程设计规范》（GB50286—2013）推荐公式计算。

2.按照冲淤变化设置基础埋深

排导槽中的泥石流的冲淤变化与自然状态下的泥石流的冲淤变化不同，排导槽中的泥石流是在排导槽的约束下排泄，其冲淤变化与排导槽中的泥石流的流速有关，流速越高，裹挟泥沙的能力越强；反之，流速越低，裹挟泥沙的能力越弱，流速太小时，甚至没有任何携带泥沙的能力。如果整个排导槽的纵坡降一样，则泥石流进入排导槽后，较大的固体物质首先减速进而沉淀。泥石流的流速逐渐减小，重度随之减小，所以，在设置排导堤基础埋深时，下游排导槽的基础深度要大于上游排导槽的基础深度。

3.防冲措施类型及使用条件

防冲措施有槽底的全衬砌和防冲槛两种。当排导槽的纵坡降大，或者排导槽较窄（≤3.0 m）时，或者排导槽内为村镇道路时，采用浆砌块石衬砌槽底或用混凝土衬砌槽底。当防冲槛基础埋深≥1.5 m时，要进行经济对比，当设置防冲槛所用的圬工量大于排导槽衬砌槽底所用的圬工量时，就要考虑使用槽底衬砌的方法。照片2-24所示的排导槽比较窄，保护排导堤基础采用混凝土衬砌，效果较好。

4.防冲槛的建筑材料和结构尺寸

防冲槛是保护排导堤基础的设施，是泥石流的必经之路，直接遭受泥、沙、石的冲击与磨蚀破坏。所以，防冲槛首先选用耐磨性较好的高强度的混凝土。如照片2-25所示的排导槽防冲槛采用混凝土浇筑，其抗磨蚀的能力强。在排导槽纵坡降较小（<

8%）、冲蚀强度不大的情况下，防冲槛主体材料可用浆砌块石，其顶部须用混凝土或钢筋混凝土压顶，其混凝土强度要用≥C30，厚度≥20cm。如照片2-17所示的混凝土压顶强度为C30，厚度为20 cm，较好地保护了防冲槛。

照片2-24　照片2-25

防冲槛埋深和高度须通过公式计算确定。一般防冲槛要高出河床0.5 m，防冲槛基础深度要大于计算的冲刷深度。一般≥1.5 m。防冲槛不宜太宽，一般为0.5～0.8 m，否则会造成浪费。

5.排导槽槽底的冻胀土处理

在实际中，常发现排导槽槽底混凝土衬砌存在裂缝或破损现象。如照片2-26所示，槽底混凝土裂缝为槽底冻胀土所致。

照片2-26

对于槽底为含水量较高具有膨胀性能的不良地质条件，其防冲刷措施采用防冲槛结构比较合理，不宜用整体性较好的混凝土衬砌。这是一条很重要的经验。

第三章　排导槽的进出口

第一节　设置好排导槽进出口的意义

排导槽的进出口是排导槽的重要组成部分，是设计的重要内容。进口设计不合理，无序流动的泥石流难以归槽，泥石流将冲蚀、破坏排导堤进口段。排导槽的出口要与主河道的流向相协调，否则，将形成水墙，阻断河流，淹没上游的设施。如2011年甘肃敦煌地区发生泥石流，处在莫高窟下游约400 m处的三危山沟道下泄泥石流垂直冲进大泉河，形成泥沙墙，迅速抬高大泉河水位，洪水翻过河堤，淹没了部分莫高窟工作区域。因此，高度重视排导槽进出口设计尤为重要。

第二节　排导槽设计需要解决的问题

排导槽设计中没有考虑进出口段地形、地层岩性和泥石流的流动规律，而随意设计，往往导致一系列问题出现。

1.排导槽进口段直进直出。没有根据进口段的地形地貌做必要的束流处理，使泥石流在进口段没有方向地随意流动，不能很流畅地进入排导槽内。照片3-1所示的是排导槽进口段没有做任何处理，排导堤进口端裸露的情形。其缺陷：一是水流不归槽；二是排导堤进口端易遭泥石流的破坏。

照片3-1

2.排导槽进口段没有设置保护措施，使泥石流掏蚀排导槽槽底，侧蚀排导堤本身，进口段不能较好地发挥其作用。如照片3-2所示的是排导槽进口段地形较高，需要在进口处修一座低坝，以便控制排导槽以上沟槽的下切。

需要修建低坝的进口

照片3-2

3.没有充分考虑沟道泥石流拦挡工程设施，没有将泥石流的拦挡工程与排导工程有机结合。

4.出口段与主河道没有成锐角，成直出型结构。直出型结构使泥石流进入河道形成堰塞体或水幕墙，使主河道上游水面提升，这种下游处的顶托会造成溯源回淤、输送力减小，以至于出流不畅，产生倒灌、回淤或局部冲刷等不良现象。出口段标高与主河道的标高平齐或低于主河道水面标高，在枯水季节排导槽尚且排泄泥石流，但是遇到丰水季节，主河道水面上涨，排导槽不但无法排泄泥石流，还引发倒灌现象，排导槽成了河水倒灌的通道。如照片3-3所示的排导槽，一是出口为直出型；二是排导槽槽底较低。当排导槽排泄泥石流时，会形成堰塞体；当河水上涨时产生回灌现象，隐患较多。

5.不研究出口处的地形地貌，将排导槽出口段统统设置成喇叭状，出口段成了洪积扇，泥石流由于流速减慢固体物质停留堆积，形成了停淤场，产生不良堵塞效果。如照片3-4所示的排导槽，出口设置成了八字形，尽管坡降较大，还是形成了淤积现象，最终泥石流将在中间拉槽流动，两侧的排导堤形同虚设，留下了隐患。

直出型排导槽出口

照片3-3

喇叭形出口，形成的堆积物

照片3-4

第三节 合理设置排导槽进口段

对排导堤进口必须进行专门的设计。设计时要遵循以下原则：

1.与上游防治工程紧密结合的原则。如果排导堤与上游拦挡工程较近，排导槽进口

108

段要充分利用上游段的拦挡工程，将排导槽进口段与上游拦挡工程的副坝（护坦）的导流墙有机地连接，这样经拦挡坝下泄的泥石流在经过副坝（护坦）消能束流后顺利地进入排导槽内。如照片3-5所示，拦挡坝的护坦两侧的导流墙与排导槽有机地连成了一体。

2.如果排导堤距上游拦挡工程较远，进口段成独立结构，这时进口段的入流方向与上游拦挡工程出流的方向一致，并具有上游宽下游窄的呈收缩渐变的喇叭口外形，其收缩角α一般限定：黏性泥石流或含大量漂石的水石流α为8°～15°；稀性泥石流或含沙水流α为15°～25°。如照片3-6所示的是排导槽进口段设置成了八字形，并且用浆砌块石护坦进行保护，进口形式比较好，一是水流归槽，二是进口段不易被破坏。

拦挡坝前护坦导流墙与排导槽连成一体

照片3-5

排导槽呈八字形进口并有护坦保护进口段

照片3-6

3.如果上游既无控流设施，进口地段地形又复杂，没有形成八字进口的地形条件，要做到泥石流归槽，则进口段的选址要注意以下几方面：一是进口处应尽可能选择在沟道两岸较为稳固、顺直的颈口、狭窄段，使入流口具有可靠的依托。二是对于上游泥石流流向与排导槽进口不顺直的地段，可在进口上游设置挑流坝等导流措施，将泥石流导进排导槽内，或开挖阻挡泥石流顺直流动的山体部分。如舟曲三眼峪排导槽进口段处在一处山嘴之处，严重影响泥石流流向，为了使出了山口的泥石流平滑地进入排导槽内，对山嘴部分进行了爆破清除。三是排导槽进口段堤墙依地形渐变进入山体，与山体浑然连成一体。如照片3-7所示，由于地形的限制，进口段不能设置成八字形，而用流线形和渐变墙的形式与山体连成一体。四是排导槽横断面沿纵轴尽可能对称布置，以减少泥石流侧蚀冲击堤墙。

排导槽进口段采用弧形渐变墙的形式

照片3-7

4.一项排导槽工程必须进行"穿鞋戴帽"处理,对于上游无控流设施的地段,排导槽是相对独立的工程,为了保护排导槽的进口段,使泥石流很流畅地进入排导槽内和防止进口段遭到泥石流的破坏,进口段要布设保护措施,或者说设置"戴帽"工程,"戴帽"工程有马鞍形护坦进口、拦挡坝进口、防冲槛进口等入流防控设施。这些措施将有

照片3-8

效地防止泥石流冲蚀,破坏排导槽。如照片3-8所示的进口段,由于地形,不能设置成八字形进口,而采用了坝式进口,符合实际。进口段的保护必须遵循因地制宜的原则。实际中排导槽进口地段两侧的地形差异非常大,高低不一,这时要根据沟道两侧的地形特点设置不对称进口段,要根据两侧的地形地貌单独布设排导槽进口段的结构形式。

第四节　合理设置排导槽出口段

对于排导槽的急流段一般采用等宽的直线形平面或以缓弧相接的大钝角相交的曲线形。其转折角 $\gamma \geqslant 135°$,急流段纵坡降设计参见"泥石流排导槽合理的纵坡降"相关内容。

排导槽出口段的设计要点有:

1.为了顺利排泄泥石流,宜将出口段布置在靠近大河主流或有较为宽阔的堆积场地之处,避免堆积场地发生次生灾害。排导槽出口段出流轴线与主河流向以小锐角斜交,其交角 $\alpha \leqslant 45°$,以减小汇流处的阻力。根据出口段泥石流的流动特征,排导槽出口段外侧有涌浪,所以,排导堤要高;内侧没有涌浪,则排导堤要低。而且根据出口处排导槽

照片3-9

内泥石流的流态,内、外侧排导堤要成渐变墙。如照片3-9所示的排导槽,出口段与主河道的夹角为锐角,根据泥石流在出口段的流动态势,有涌浪的外侧墙较高,没有涌浪的内侧墙较低,随着排导槽向前延伸,两侧排导堤成渐变墙,符合泥石流在此段的流态,为了防止出口段排导槽被泥石流的下切破坏和河道水对排导槽的侵蚀破坏,设置了马鞍形的护坦,是一处比

较科学合理的排导槽出口段。

2.排导槽出口段的断面不宜设置成扩散形或喇叭形，而应该与原来的断面相同，提高束流攻沙能力，将泥石流顺着河道的流向输送得更远，当地形允许时宜采用渐变收缩式的出口断面，或适当抬高槽尾出流标高，保证泥石流自由出流，避免下游处顶托造成溯源回淤、输送力减小，以至于出流不畅，产生倒灌、回淤或局部冲刷等不良现象。

3.排导槽的出口段要有保护措施，也就是"穿鞋"工程。主要措施有马鞍形护坦或防冲槛结构，这些保护措施可避免出口段的排导槽遭受主河流的侵蚀破坏或泥石流的掏蚀破坏。如照片3-10所示的是防冲槛保护排导槽出口段。保护排导槽出口段的马鞍形护坦的长度不宜过长，以有效保护排导槽的出口段为原则，一般来讲护坦长3.0 m左右，厚20 cm，C30素混凝土为宜。为了降低成本，出口段也可以用防冲槛保护。

4.当排导槽出口处中间为道路的桥涵或过水路面时，排导槽要与已有桥涵有机地联系在一起。当桥涵的过流断面不具备通过泥石流时，可与当地道路管理部门联系，解决通过桥涵或过水路面的问题。无论交通部门的桥涵或过水路面的过流断面合不合乎要求，做好自己的工程是首要的。如照片3-11所示，排导槽中间遇到了桥梁，两侧排导堤用流线形与桥梁相连接。同时布设了护坦，考虑比较周全。

总之，排导槽的进出口是排导槽工程的重要组成部分，因地制宜设置好非常重要。

第四章 村镇道路的设置

这里讲的村镇道路的布设是在修建排导槽时，将阻断、破坏的村道通过并行、跨越等方式重新进行布设，达到修建排导槽后不影响村民正常通行的目的。

第一节 排导工程段村镇道路设计亟待解决的问题

排导槽无论以哪一种走径和形式通过村镇，都会打破原有村镇的道路系统，设置排导槽后，如不设村道或村道设置不合理，将给村民通行造成极大不便，甚至产生很大的安全隐患。

排导堤两侧为密集居民区的，应该按照实际在排导堤顶修建足够的桥涵等通道以方便居民通行。工程实践中常遇见由于排导工程没有充分考虑通道，阻隔了两侧群众的交往，导致在排导工程建设中两侧居民不支持工程建设甚至上访阻拦，有些工程在交付使用后居民自行在排导堤顶搭建简易桥、开挖排导堤建设临时通道等，既严重破坏了排导工程的正常施工和使用，也给两侧的居民带来了很大的安全隐患，使得一项民生工程和民心工程变成了怨天尤人的工程。

一、村民在排导槽上开辟通道

对于较窄的排导槽，村民用最简单的办法在排导槽上搭建"简易桥"通过。所搭建的"简易桥"往往过于简单，行走不安全。如照片4-1所示的是村民用木头搭建的简易小桥，小孩正在桥上玩耍，很危险。对于较宽的排导槽，从排导槽顶上无法搭建桥式通道时，村民用其他的方法建立通道。这些通道要么不安全，要么影响排导槽的功能。照片4-2所示的是较宽的排导槽挡住了村民的去路，村民则用木梯搭建过槽通道，很不安全。还有的排导槽

照片4-1

阻断了行车道路，村民的车辆就从排导槽内通行，更有甚者，在排导槽顶上搭建简易桥梁通行机动车，存在严重的安全隐患。照片4-3所示的是村民在排导槽上搭建了简易木桥，木桥上通行客货车，安全隐患大。有的将建好的排导槽上拆除留豁口行车走人，排导槽失去了束流排泄能力，泥石流通过豁口可能进村入户，安全隐患严重。照片4-4所示的就是村民将排导堤打开缺口通行的情况。照片4-5所示的是不到100 m的排导槽，村民拆开了三处缺口，这样的排导槽已经失去了排泄泥石流的作用，成为不起作用的排导槽。

照片4-2

照片4-3

照片4-4

照片4-5

二、施工单位修建的通道

由于在设计排导槽时没有系统考虑村道的取舍，建设排导槽的过程中，村民干扰阻挡不让建设排导槽，迫使施工人员按村民的要求在排导槽上留缺口、留通道。如照片4-6所示的是施工人员应村民的要求，在排导槽上留下了缺口供村民通行，这时的排导槽已经失去了应有的作用。有的施工单位在村民迫使下搭建混凝土小桥，这些简易桥梁，"缺胳膊少腿"，不正规，存在安全隐患，如照片4-7所示的就是村民要求施工人员修建的一处简易的没有防护栏杆的混凝土桥。

村民迫使施工单位留取的通道

照片4-6

村民迫使施工单位留取的小桥

照片4-7

实际中，如果排导槽外部的地面标高与槽底标高相近，在排导槽上修筑横向桥梁几无可能，只能留缺口通行。照片4-8所示的是排导堤留豁口通行的情形。

三、与道路相交的通道

排导槽的一项重要功能是将泥石流输送到河道中。排导槽在通往河道中时往往要与省道、县道或村镇道路等相交而过，省道与沟道相交的地方往往布设有桥涵，而与县道、乡道相交处多为简易过水路面。照片4-9所示的是乡镇道路通过泥石流沟道的过水路面。这种过水路面引导泥石流的作用不大。如果布设的排导槽遇到这种情况不采取措施，过了道路（过水路面）再继续布设排导槽就起不到导流束流的作用了，当山洪泥石流被输送到过水路面时，山洪泥石流离开了排导槽，涌上了道路及排导槽两侧。如照片4-10所示的是避开道路布设排导槽的情形。

以上在排导槽的设计中，没有充分考虑村镇道路的现状和布设需求，排导槽留豁口，因而失去了其应有的作用，存在安全隐患，这种情况十分普遍。笔者在验收排导槽工程时，看到一处处开了豁口的排导槽工程，真是痛心疾首：这项应该惠民

地面　排导堤

照片4-8

照片4-9

乡村道路

照片4-10

利民的工程，成了扰民工程；排导槽的建设者也成了"麻烦"的制造者、投资的浪费者。

第二节 合理布设村镇道路

设计排导工程时，必须将预留村道纳入整体设计中，哪些地方留村道，留什么样的村道，要有整体布局。在满足排导槽排泄能力的条件下，尽量按照村民的意愿布设比较正规的、安全的村道，使排导工程成为消除泥石流灾害、保护排导槽两侧村民生命财产的惠民利民工程。排导槽设计中必须有村道的设计，没有村道设计的排导槽设计是一份不完整的设计。然而，在排导槽上布设道路，涉及的因素众多，无样板可循。因此，设计者一定要认真调查研究，反复比较方案，广泛征求意见，设计出符合实际的村镇道路。下面介绍几种布设村道的方法，供设计人员参考。

一、基本要求

在排导槽上布设通道是比较复杂的，其涉及的因素较多。一个基本要求是排导堤堤顶与外侧地面高差要小。这样可以在排导槽上设置桥梁、涵洞，设置错墙道路，设置槽内道路，设置以堤带路的工程。当布设排导槽走向时，如果达不到这一点，则要千方百计地使堤顶与外侧地面相差较小。如照片4-11所示，排导槽顶部与地面高程相近，在此排导槽上设置桥涵较为便利。

照片4-11

二、过水路面

排导槽大多都要与各类道路相交，设计中与排导槽相交的道路往往以过水路面的形式布置。过水路面平时是车辆的通行道路，遇到泥石流时路面又是泥石流的通道。过水路面由护翼墙和过水路面、排水涵洞等组成。过水路面主要用于比较宽缓的不利于修建桥涵的季节性沟道，修建过水路面既要保证山洪泥石流能够顺利通过过水路面而不溢出，又要保证过往车辆能顺利通过。按照相关规范，车辆通过过水路面的时速为≤20 km/h，其纵坡降应≤8%。

在实际中过水路面将遇到四种情况：

第一种情况是过水路面所处沟道宽阔，且沟道的深度与所设计的排导槽高度相近，相关部门已经修建了简易的过水路面，对于这样的过水路面，只要因地制宜地将已有的过水路面进行修补即可。如照片4-12所示的是一处泥石流沟道与排导槽高度相近的过水路面，沟道比较宽阔的情形。

照片4-12

第二种情况是平时无水的季节性泥石流沟道，其过水路面处沟道宽阔，且沟道的深度与所设计的排导槽高度相近，这种条件下的过水路面布设，其护翼墙的高度与排导堤平齐，就可保证泥石流不从两侧溢出，混凝土过水路面上下坡度≥8%就可保证过往车辆顺利通过。如照片4-13所示的是一条季节性泥石流沟的过水路面的施工情况。护翼墙的高度与排导堤平齐，保证了泥石流通过过水路面而不溢出，坡度较小，保证了车辆顺利通行。如图4-1所示是季节性沟道的过水路面示意图，仅供参考。

照片4-13

第三种情况是泥石流沟道为长流水沟道，这时的过水路面只要在过水路面下埋设排水涵管就可以了，平时沟道中的水可以在涵管中通过，当遇到泥石流时可在过水路面上通过，需特别强调的是，长流水过水路面的排水管直径不宜过大，如果过大，过水路面就要抬高，影响过水路面的过流断面。采用小直径排水涵管的过水路面，占据空间小，利于控制过水路面的过流断面。这是设置长流水沟过水路面值得注意的问题。照片4-14所示的是一处乡镇道路通过河道的过水路面，为了降低过水路面的标高，布设了7只直径80 cm的排水管，其与河道的护岸堤、排水涵管和路面较好地结合在了一起。图4-2为长流水沟道过水路面的示意图，仅供参考。

照片4-14

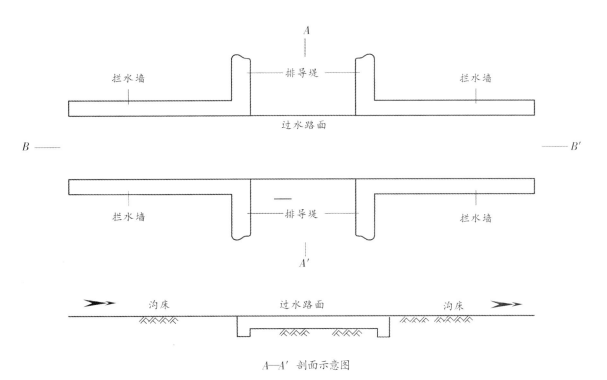

A—A′ 剖面示意图

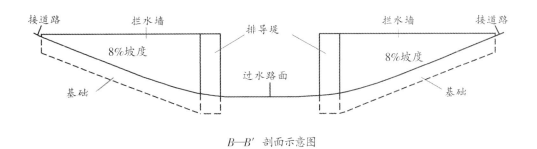

B—B′ 剖面示意图

图4-1 一般过水路面示意图

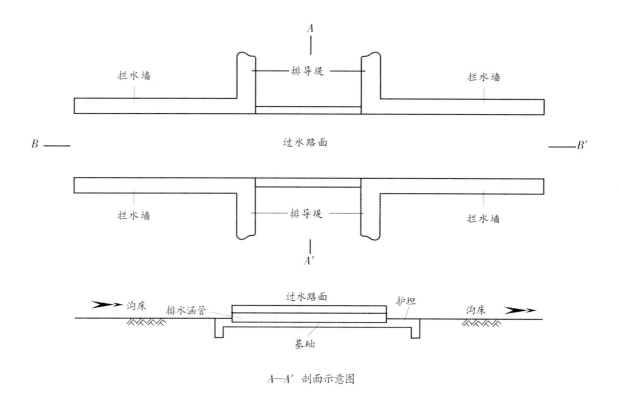

A—A′ 剖面示意图

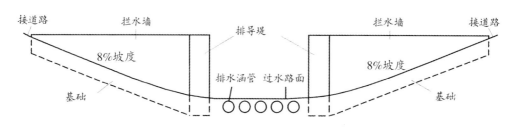

B—B′ 剖面示意图

图4-2 长流水沟道过水路面示意图

　　第四种情况是比较常见的过水路面，其过水路面处的沟道比较浅，过水路面的高度不足以修建过水路面的拦水墙。沟道两侧的村舍多而近，给修建过水路面带来了诸多困难，这就要求设计者反复踏勘、调查过水路面周围的情况，对于在这种条件下布设过水路面，过水路面处要做较大的改造处理，一般来讲要通过夯填土的方式，提高过水路面处的沟道两侧的槽帮，槽帮是弧形，其纵坡降控制在≤8%，然后再按照要求布设过水路面，处理后过水路面既要保证泥石流顺利通过而不溢出，又要保证车辆顺利通过，同时要保证沟道两侧村舍不受侵害。其设计图如图4-3所示。

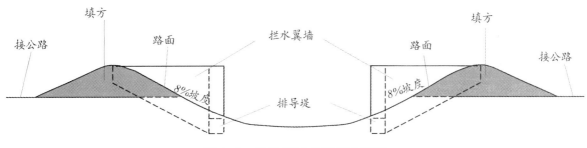

图4-3 改造型过水路面示意图

三、排导槽错墙通道

错墙通道是一种新型的排导槽与村道交汇通行方法。其方法就是在排导槽的一侧通过错墙形式将村道导入排导槽内，然后通过另一侧的错墙形式将村道引出去。错墙道路成本低，施工方便，值得推广。错墙通道的使用条件是排导槽排导堤的高度与堤外的地面高度相近。否则，建成的错墙通道不能满足排导槽的过流要求。如照片4-15所示的是一处较好的错墙通道，排导槽堤高与堤后道路的标高相差约40 cm，为布设错墙提供了先决条件。错墙通道的设计要点如下：为了方便起见，我们将下游的排导堤定义为外墙，上游排导堤定义为内墙。布设错墙道路势必占据排导槽的空间位置，影响过流断面，因此，为了少影响错墙处的过流断面，外墙要尽量向外延伸，可以伸进与排导槽平行的道路中，内墙要与外墙平行，在其端部向内弯曲，起挑流的作用，为了补偿过流断面不足，排导槽另一侧的排导堤可以向外延伸一定的空间，为了便于车辆通行，进口错墙道路及出口错墙道路与槽底都要进行路面硬化。如图4-4所示的是错墙通道处排导槽、村道、通道之间的关系。照片4-16所示的是排导槽内设置了一处通往村镇的农用车道路。符合泥石流不溢出、农用车顺利通行的要求，是一处较好的通道。

照片4-15

照片4-16

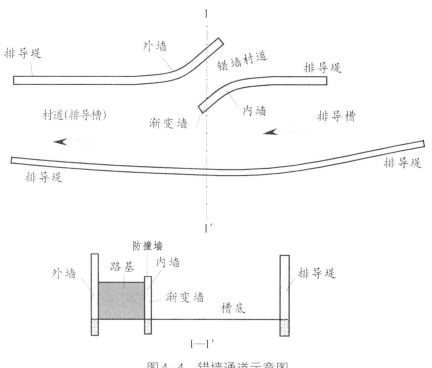

图4-4 错墙通道示意图

四、以堤代路

对于与排导槽平行的处在排导槽两侧堤坝上的道路，这时的堤坝既是排导槽工程的一部分又是村镇道路。这种情况比较常见。对于堤坝与堤身等高的排导槽，排导堤设置成衡重式结构比较合理，路向排导槽方向倾斜，路面的水可通过防撞墙底部设置的排水孔排入排导槽内。如照片4-17所示的是单侧排导槽的堤后是可以通车的村道，排导堤高出部分起安全防护作用和排导槽的超高墙作用。

照片4-17

五、以槽代路

实际中，绝大多数村道分布在排洪道的旁边或就在排洪道内，严重挤压正常的排洪道，过流断面受到严重限制，而通过拆迁另辟蹊径又不可能，作为设计者要充分考虑这一现实情况，采取特殊的排导方式解决这一难题。采取复合式排导槽可有效解决这一难题，复合式排导槽由主排导槽和副排导槽组成，主排导槽平常起道路的作用，保障正常的车辆通行，当泥石流较大时，主排导槽又较好地发挥排导功能。较小的副排导槽起排泄平时较小的

照片4-18

长流水或较小的泥石流作用，这种复合排导槽，近年来在甘肃的泥石流灾害防治中进行了大胆的实践，并取得了很好的效果。照片4-18所示的是一种槽内可以行车的复合排导槽。对于这种以槽代路的排导槽，槽底必须用混凝土硬化，硬化的厚度当以道路所需的厚度为主，一般为14 cm。而进出排导槽的通道要按照前述的错墙的形式导入和引出。图4-5是槽路结合具体尺寸的示意图。

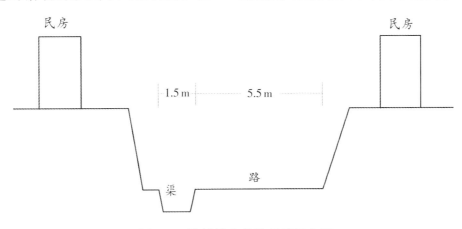

图4-5　路槽结合的排导槽示意图

六、复合型排导槽道路

复合型排导槽也由两部分排导槽组成，即下级排导槽和上级排导槽。下级排导

照片4-19

槽排导一般条件下的泥石流，上级排导槽为道路；当泥石流较大时，下级排导槽无法完全排泄泥石流时，上级排导槽接力排导泥石流。处在上、下级排导槽之间的台阶平常担负着通道的作用，台阶宽度依通行功能而定。如照片4-19所示的是舟曲三眼峪泥石流灾害洪积扇所设置的复合型排导槽，排导槽的右侧留有车辆通行的道路，左侧留有人行通

道。该复合型排导槽的具体尺寸如图4-6所示。

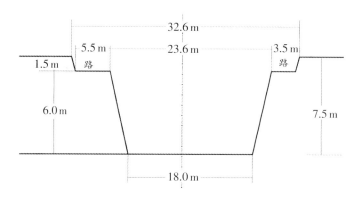

图4-6　路槽相结合的排导槽示意图

七、人行踏步

有些排导槽两侧的村民需要互通，可在槽内两侧错位设置人行踏步便利措施。人行踏步应具有一定的宽度，防护栏杆也是必不可少的。如照片4-20所示的是在大型排导槽中设置的人行踏步，但缺少防护栏杆，存在安全隐患。

八、桥梁、涵洞

桥涵是最常见的通过排导槽的跨越工程。其技术成熟，经验多。当排导槽较深、较窄时，修建桥梁或者涵洞为宜。如照片4-21所示的是公路部门在某大型泥石流治理工程的排导槽上修建了一座桥梁。

总之，村道的设置是排导槽设计的重要内容，应给予高度的重视。而排导槽两岸的地形地貌、村舍、道路布局不相同，

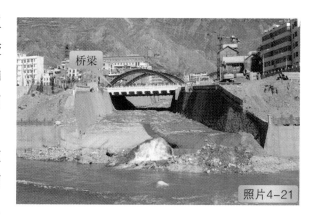

这又给排导槽上布设通道带来了诸多困难。这就需要设计者潜心研究解决，使泥石流顺利排导至安全区域，使建设的排导槽既能有效抵御泥石流对村庄的破坏，又使村民行走不受影响。同时要加强对排导槽及通道的维护、保养和清淤。这样才能使受保护的村民长治久安。

四点感想

1.泥石流灾害治理工程是项不断琢磨、细心设计的工程

泥石流灾害治理工程是山地工程，其施工条件千变万化，每一处治理工程就是一个新的设计作品。因此，需要设计者和施工者面对不同的条件，细心地琢磨，全面地考虑，认真地研究，不断地改进设计或施工方案。

2.泥石流灾害治理工程是信息化设计工程

泥石流治理工程设计是一项风险性设计工作，其受诸多不确定因素的影响，一次性设计出一项完美的工程是比较困难的。需要在施工过程中根据治理工程位置的地形、地层岩性等变化进行优化设计，使设计更接近实际，在保证工程质量和安全的同时，提高工程效益。

3.泥石流治理工程在运行中需要维护保养

本书介绍了拦挡工程和排导槽（设计施工中）常见的"缺陷"工程，如果能及时发现这些"缺陷"，进行加固处理，治理工程就能实现预期的防灾减灾效果。因此，治理工程移交给业主后，要加强泥石流灾害治理工程的维护，这是必需的，也是迫切的。

4.泥石流治理工程的耐久性

泥石流治理工程，特别是拦挡工程是人工镶嵌在沟道中有形有状的混凝土体或浆砌石体。它们和沟道中的岩土体一样将长期遭受山洪泥石流的侵蚀破坏和自然风化作用，故提高泥石流治理工程的耐久性至关重要。提高治理工程耐久性的主要措施之一就是提高治理工程结构实体的强度。如果治理工程是混凝土结构工程，则混凝土的强度要提高到C30以上。如果是浆砌块石结构，则要提高块石的强度等级和砂浆的强度等级。

第三编

泥石流灾害防治工程勘查常见问题与勘查要点

第一章　泥石流灾害勘查常见问题与不良后果

泥石流是由于降水（暴雨、冰川、积雪融化水）在沟谷或山坡上产生的一种挟带大量泥沙、块石和巨砾等固体物质的特殊洪流，具有发生突然、来势凶险、运动快速、能量巨大、冲击力强、破坏性大和过程短暂等特点。

泥石流灾害是常见的地质灾害之一，由于其分布广且具有重复性和一定区域群发性，给人民生命财产造成的损失巨大。因此，勘查泥石流和依据勘查成果确定泥石流灾害治理工程设计具有重要意义。泥石流的勘查工作是泥石流灾害治理中最重要的一项工作。对泥石流特征的勘查、认识，尤其是对泥石流的类型、规模和危害范围、危害方式及活动危险性的评估，是政府各管理部门决策监测预警、搬迁避让还是进行工程治理的重要依据，也是确定重点治理对象与治理范围的重要依据；对泥石流特征的勘查、认识，尤其是对泥石流的类型、规模、物源数量和分布位置、补给方式、危害方式及地质环境条件、施工条件等特征的勘查、认识，是确定治理方案和工程布局的重要依据；对泥石流的勘查认识，尤其是对泥石流的特征值、泥石流固体物质粒径的大小，工程地质条件和施工条件等的勘查、认识是具体治理工程设计的重要依据；泥石流勘查中对交通条件、施工用水用电和通信条件、青苗补偿和征地拆迁条件、主要建筑材料条件等的勘查、认识，是工程概预算编制和工程投资的依据之一。

自"5·12"汶川大地震后，尤其是岷漳"5·10"泥石流灾害、舟曲"8·8"泥石流灾害、天水"7·25"泥石流灾害和岷漳"7·22"地震灾害以来，甘肃省先后开展了大量较大规模的泥石流灾害防治工程。尽管甘肃省的勘查设计水平进步较快，但由于泥石流的复杂性和勘查人员的技术水平参差不齐等原因，泥石流灾害的勘查工作中还存在一些值得注意的问题。这些问题，直接影响泥石流防治工程的防灾减灾效果。对存在的问题及时进行分析总结，提出有效的解决办法是摆在业者面前的一项重要任务。目前，勘查工作中存在的主要问题是不全面、不真实、不准确、不清楚、不充分、不合理，造成的后果是影响判断和决策、影响治理方案和工程布局、影响工程设计、影响工程的顺利施工和工程投资及工程自身的安全，同时也是勘查设计报告不能顺利通过评审的重要原因。

第一节　泥石流形成条件勘查存在的问题与不良后果

一、泥石流形成的地质环境背景条件存在的问题与不良后果

1.泥石流形成的地质环境条件阐述不具体、认识不清楚

仅泛泛表述区域概况，对勘查区缺少细化。主要表现在：缺少基岩的风化破碎情况；缺少第四系残坡积物、冲洪积物分布范围，满流域全为基岩；缺少土地类型分布；缺少植被种类和分布；缺少流域内的次级构造等。

2.不良后果

调查工作不认真细致，影响对沟谷是否泥石流沟谷的判定、认识，影响对泥石流形成条件、发育阶段和易发性的判定和认识。

二、泥石流物源统计存在的问题与不良后果

1.仅有分量或总量，缺少细化和依据

（1）坡面侵蚀物源

缺少分布范围、面积、厚度、物质组成特征等。

（2）滑坡、崩塌物源

统计中每个滑坡、崩塌体缺少在流域中的相对位置，缺少稳定性评价，缺少崩塌、滑体物质特征和补给泥石流的方式，有的甚至缺少滑坡、崩塌体的长度、宽度、厚度等，普遍缺少长度和宽度的测量断面与厚度控制性勘探。

（3）沟道堆积物

统计中缺少分布的沟段长度、沟道宽度、堆积厚度及厚度控制性勘探资料；沟岸坍塌物源统计中缺少分布的岸坡段长度、高度、坡度、宽度及物质组成、成因等。

（4）人工堆积体物源

统计中缺少测量断面等。

（5）动静储量转化关系不清，依据不足

在缺少物源特征的基础上、在没有分析转化关系的情况下，随意给出可转化比例或数量，依据不足。

2.不良后果

由于调查工作不深入细致，影响物源调查和统计的准确性和可信度，进而影响泥石流的重度等特征值和泥石流的类型，影响治理方案和工程布设，影响工程的结构设计和工程的安全性。

三、泥石流流域分区中存在的问题与不良后果

1.流域特征研究不够，分区随意划分，依据不足，相关特征表述缺失

具体表现在对各区的沟谷特征、坡面特征、植被发育特征、土地利用特征缺少详细的表述；各区尤其是清水汇集区随意圈划，对于甘肃省的泥石流沟谷，大部分地区没有清水汇集区或仅限于分水岭地带的小范围，但经常被放大，划出的清水汇集区与植被发育程度和土地类型、松散物源分布、支沟泥石流发育程度矛盾。

2.不良后果

调查和分析工作不深入、逻辑性不强，影响对泥石流特征的判定及治理工程的布设。

第二节　泥石流特征分析存在的问题与不良后果

一、泥石流形成特征中存在的问题与不良后果

1.照搬教科书，严重脱离实际

具体表现在缺少降雨如何汇集，在不同区域以何种方式启动松散固体物质，在不同的沟道段以何种方式径流，沿途汇集哪些支沟的何种物质，出山后在什么地形条件下发生水土分离或受什么约束条件直接排入主河道等。

2.不良后果

调查和综合分析不深入，影响对泥石流形成过程和形成特征的认识，影响治理方案的确定和工程的布设。

二、泥石流冲淤特征中存在的问题与不良后果

1.调查表述不清，文图相互矛盾

具体表现在对冲切、淤积沟道段的微地貌或地形缺少调查描述，对堆积物的层序和粒度缺少调查描述，对冲淤的转化方式和条件缺少分析，相关图件中缺少堆积物的分布范围等。

2.不良后果

调查不细致、勘探和试验投入不够，影响治理方案的确定和工程布设。

三、泥石流特征值确定中存在的问题与不良后果

1.泥石流的特征值确定依据不足、使用方法不当

（1）重度

具体表现在使用多种方法时，几种方法确定的指标差异较大，综合确定时要么取均

值，要么不加分析地随意选取；用中值粒径法计算时要么缺少颗粒分析试验资料，要么试验数据偏少，要么不交代取样位置或取样位置不具有代表性；用配方法时随意取土调配，配料的物质成分、粒径等不具有代表性；采用单一方法或公式计算确定时，所采用的方法或公式又是精度较低的。

（2）流量

具体表现在使用小流域计算公式计算清水流量时，仅简单列出计算公式和给出计算结果，缺少公式适宜性分析，缺少相关参数取值依据和取值；使用断面法时，仅简单给出断面面积和流速及计算结果，缺少断面位置和断面控制的流域面积及实测断面，缺少流速计算和泥位的相关说明，导致计算的流量不知代表流域的什么位置，也不知代表的是多少年一遇的标准，由此也导致几种方法计算的流量相差太大；使用经验公式时，将各地区的经验公式混用，导致差异较大。

（3）易发性评分

具体表现在诸多因子缺少调查评价内容，导致打分缺少依据或打分与调查评价不一致，由此不仅影响泥石流的易发性评价，而且也影响重度的选定和流量等计算结果。

2.不良后果

调查和勘查不细致，理论分析计算简单，影响工程布设和结构设计，进而影响工程的安全性和可靠性。

第三节　泥石流灾害特征分析存在的问题与不良后果

一、泥石流危害方面存在的问题与不良后果

1.泥石流现场调查分析不够，而且经常出现调查程序混乱

（1）程序方面

表现在先表述危害对象和数量，后进行危害分区。

（2）危险性分区方面

表现在不依据泥石流堆积扇特征、现代沟槽特征和与周边的相对高差及相互位置关系分析划定，而是依据拟定的威胁对象随意划定或通过简单的公式计算而划定，缺少可能性分析，导致划定的分区不合理也不符合实际。

（3）危害特征方面

表现在照搬照抄泥石流的所有危害方式，而不依据实际地形特征和泥石流特征及威胁对象特征分析各危害方式的可能性和各危害特征的危害范围。

2.不良后果

调查分析不深入细致，影响政府各管理部门的决策和工程投资，同时也影响治理方

案的制定，可能造成国家资金的错投和浪费。

二、已有防治工程勘查评价存在的问题与不良后果

1.对已有防治工程的认识既缺少依据又不到位

（1）勘查不到位

对已有防治工程缺少相应的勘查和测量，如拦挡工程和排导工程的基础宽度、基础埋深缺少勘探，缺少结构尺寸的量测，缺少变形、损坏特征的具体测量和描述等。

（2）评价不到位

对已有工程结构的完整性，拦挡工程的稳定性和抗冲击能力，排导工程的排导能力和抗冲击能力等缺少验算和评价等，就妄下加固或拆除重建的结论。

2.不良后果

勘查工作量投入不足，评价不够，影响设计中对已有工程的处理，可能造成资金浪费或遗留安全隐患。

第四节　工程地质勘查存在的问题与不良后果

一、拟建构筑物工程地质条件勘查中存在的问题与不良后果

1.工程地质勘查不到位，不能为治理工程设计提供可靠依据

（1）大比例尺测图和测绘范围不够

拦挡工程上游测图和测绘范围没有达到淤积或固沟范围，两侧范围不足以显示岸坡特征；排导工程或防护堤工程，测图和测绘范围仅限于沟谷的狭长条带，两侧既不能反映出危害对象和危害特征，更反映不出施工条件和施工对周边的影响范围等。

（2）勘探点间距和勘探点数量、勘探深度控制不够

如拦挡工程勘探点数量上不论沟谷宽窄，仅在沟道中布设1个勘探点，坝肩缺少勘探点；勘探点深度方面，坝基勘探点没有深入到持力层一定深度，甚至达不到坝基埋深；排导工程不仅勘探点间距过大，而且深度也没有深入到持力层一定深度；清淤工程大多缺少勘探点控制，无法准确确定清淤深度和工程量。

（3）缺少相应的试验测试

如对碎石土持力层缺少颗粒粉分析试验和原位动探测试，对黏性土持力层缺少标贯试验和物理力学性质试验；又如腐蚀性试验，虽然都有，但经常是数量偏少，以点代面。

（4）勘探剖面图失真

以图切剖面代替实测剖面或实测剖面时定点位置不合理，缺少实际存在的陡坎或沟底形态，不能准确地反映实际地形特征。

（5）勘查和评价内容不全

对于拦挡工程，仅着重坝基和坝基的地层岩性、持力层承载力特征值，忽略了拦挡工程处的沟谷形态、现代沟槽宽度、地表水特征和地下水位；忽略了岸坡的形态、岸坡的稳定性评价等；缺少适宜性评价和相应的坝基、坝肩处理建议。对于排导工程和护岸工程，仅考虑基础的地层岩性和持力层特征值，同样缺少沟谷形态特征、岸坡特征和与拟保护对象之间的位置关系等。

2.不良后果

投入的勘查和试验工程量不足，资料分析整理不深入，影响治理工程的地基基础设计和临时工程设计及工程投资，轻则造成工程设计经常出现变更，重则造成设计人员无法设计或形成严重的工程安全问题。

二、勘查附图中存在的问题与不良后果

1.附图不全或图面内容不详

（1）勘查附图不全

缺少泥石流沟谷全流域综合工程地质图、主沟道实测纵剖面地质图等。

（2）图面内容不全

综合工程地质图中缺少除滑坡、崩塌以外的其他物源，缺少土地类型或利用情况，缺少植被分布和发育情况，缺少已有防治工程，缺少施工条件内容等；勘查工作平面布置图中仅有实测剖面和勘探点，缺少大比例尺测绘范围，缺少地质、环境地质等各类调查点，缺少测量基准点和控制点；勘查剖面图中缺少相应的勘探点等。

（3）插图、附图、文字内容不吻合

泥石流流域分区图、泥石流危险性分区图、综合工程地质图没有使用统一的地质环境背景条件图，造成三图地质环境背景条件等基础性内容不吻合；泥石流流域分区图与植被发育程度、土地类型、支沟泥石流发育程度、松散固体物源分布不吻合；泥石流危险性分区图与泥石流堆积扇、现代沟槽和威胁对象分布及相互之间的高差等不吻合。

2.不良后果

技术人员缺乏基本知识或责任心不强，严重影响报告的可信度，不能为治理方案和工程布设提供依据。

第二章　泥石流治理工程勘查基本要求

第一节　泥石流勘查的目的、任务或勘查要点

泥石流勘查工作的目的是通过调查、测绘、勘探等手段，查明泥石流沟谷及其周边的地质环境条件、泥石流形成条件、泥石流特征、已有治理工程经验，提出治理建议方案并查明拟建构筑物的工程地质条件和施工条件等，为治理工程设计提供依据和参数。其具体任务有以下几个方面：

1. 收集、分析、研究已有成果资料，查明泥石流形成的地质环境背景条件，包括气象、水文、土壤、植被条件，地形地貌、地层岩性、地质构造、水文地质条件，勘查区及周边的社会经济情况与人类工程活动影响条件等。

2. 查明泥石流的形成条件，包括流域的地形地貌、松散固体物质来源和数量、水动力条件等。

3. 查明泥石流的特征，包括泥石流沟的分布情况，泥石流的发育特征、活动特征、成因特征和分区特征及冲淤变化特征、危害特征等，提出泥石流的特征值，进行泥石流的易发性评价。

4. 调查区域治理工程经验，查明已有治理工程特征并对其进行评价。

5. 评价是否需要治理和治理的紧迫性，提出科学合理的治理对策和工程防治方案。

6. 查明拟建构筑物场地工程地质条件，提供岩土稳定性及物理力学参数和泥石流的主要设计参数。

7. 查明施工条件，包括交通条件、施工征地、拆迁、青苗补偿及用水用电条件；查明主要建筑材料来源及其运输条件等。

第二节　泥石流灾害各勘查阶段的勘查重点

泥石流治理工程设计分为可研阶段、初步设计阶段、施工图设计阶段，相应的勘查也划分为可研阶段勘查、初步设计阶段勘查、施工图设计阶段勘查，但一般情况下勘查

阶段可以合并或直接按照施工图设计阶段的勘查要求合并一次性完成。对一些条件比较复杂的泥石流，往往还需要进行施工期间的补充勘查。上述三个阶段的勘查内容都是一致的，只不过是各阶段的勘查重点和勘查手段、勘查精度稍有差异。

可研阶段勘查以收集、分析资料和地面调查为主，辅以少量勘探，主要目的和任务是确定调查沟道是否为泥石流沟谷，确定危害对象及提出初步治理方案。除拟布设工程处需要大比例尺测绘和断面测量外，其余均可用小比例尺图件。

初步设计阶段勘查则需要详细调查并辅以较多的测绘、勘探和实验测试工作，主要目的和任务是确定泥石流的有关特征值并复核治理方案、确定治理工程布设比选位置，需要大量大比例尺测绘和实测断面及勘探工程。

施工图设计阶段勘查重点是勘探和试验测试工作，目的和任务是复核泥石流特征值和查明工程地质条件、施工条件等，提交的图件中不仅能够准确确定坐标位置，而且能够准确确定相关度量尺寸和计算工程量。施工阶段的补充勘查则往往是针对局部地质条件变化较大的拟建构筑物的工程地质条件展开的补充勘查，以便满足必要的设计变更的需要。

第三节　泥石流灾害勘查依据

泥石流治理工程勘查依据除政策依据与任务依据外，技术依据包括调查类、勘查类、测量类、勘探试验类、其他类等几个方面，主要的有：

1.《泥石流灾害防治工程勘查规范》（T/CAGHP006—2018）；

2.《滑坡防治工程勘查规范》（GB/T32864—2016）；

3.《岩土工程勘查规范》（GB50021—2001）（2009版）；

4.《崩塌、滑坡、泥石流监测规范》（DZ/T0221—2006）；

5.《工程地质调查规范》（DZ/T0097—1994）；

6.《滑坡崩塌泥石流灾害详细调查规范》（DZ/T0261—2014）；

7.《1∶5万区域水文地质工程地质环境地质综合勘查规范》（GB/T14158—1993）；

8.《县市地质灾害调查与区划要求》（国土资源部，2006）；

9.《铁路工程不良地质勘查规范》（TB10027—2012）；

10.《工程测量规范》（GB50026—2016）；

11.《堤防工程地质勘查规程》（SL188—2005）。

12.《建筑工程勘探与取样技术规程》（JGJ/T87—2012）。

第四节　泥石流灾害勘查常用方法

泥石流勘查常用方法主要有遥感解译、地面调查与测绘、勘探、实验测试等。

一、遥感解译

遥感解译是以遥感数据和地面控制为信息源，获取地质灾害及其发育环境要素信息，确定地理要素和地质体的类型、规模及空间分布特征，分析地质灾害形成和发育的环境地质背景条件，编制地理要素和地质体类型、规模、分布遥感解译图件。

1.遥感解译的目的和需要解决的问题

遥感解译的目的是对勘查区的地质、地理环境和泥石流特征取得初步的宏观认识，指导勘查方案的编制和野外勘查工作及分析流域不同时期条件的变化。遥感解译几乎可以解决泥石流勘查的全部宏观问题，具体包括：

（1）宏观的地质环境条件

可以解译大概的地貌形态和地形特征及其成因，包括不同的高差、不同的坡度分布、坡向分布、支沟分布等；大概的地层岩性和较大的断裂分布位置、发育规模、展布特征；土地类型和分布；植被覆盖率的变化等。

（2）重大的泥石流物源

可以解译大片集中分布的坡面侵蚀区，规模较大的滑坡、崩塌范围，较为集中的沟道再搬运分布区段，严重的沟岸坍塌区段的位置及其基本情况，支沟洪积扇的分布，较大的人工渣堆等。

（3）泥石流堆积特征

可以解译沟道内和沟口洪积扇泥石流的堆积范围等。

（4）泥石流危害范围和危害对象

可以解译泥石流沿沟及沟口的威胁范围、危害对象等。

（5）流域内上述条件和特征的重大变化

通过对不同时期航卫片的解译，可以分析判断上述众多条件和特征的变化，这一点是其他方法无法替代的。

2.遥感解译程序和方法

（1）资料收集、分析；

（2）遥感信息源的选用；

（3）地理控制信息源的选用；

（4）遥感图像的处理（TM/ETM 数据处理、SPOT、IKONOS、QUICK BIRD 数据处理、多景图像镶嵌制图）；

（5）遥感解译（建立解译标志、初步解译、野外验证和详细综合）。

3.遥感解译的使用条件

鉴于遥感解译的宏观性和多解性，遥感解译一般适用于流域面积较大、植被覆盖较好、交通条件较差的泥石流勘查，对于流域面积较小、通过地面调查和测绘易于查清的泥石流沟谷一般不需要。同时遥感解译具有多解性，需要对解译的资料、数据进行现场核对。

二、地面调查和测绘

地面调查和测绘是最基本、最重要和最经济的泥石流灾害勘查手段。其成果仅能反映地表现象，其质量很大程度取决于调查和测绘人员的素养。

1.地面调查和测绘的目的、任务

确定地质环境条件和地质现象特征，准确确定其在平面图上的位置、分布范围等。

2.地面调查和测绘常用的方法

（1）复核法

复核法是将收集到的资料投影到地形图上，然后在野外逐项复核和校核。主要用于对一些范围界线的复核或校核。常用的方法有穿越法和追踪法。该方法的特点是省时简便。

所谓的穿越法即采用垂直岩层、构造线走向和地貌变化显著方向及不良地质体的边线进行穿越定点观测；所谓的追踪法即沿岩层、构造线走向和地貌变化界线追踪定点观测。

（2）填图法

填图法是利用一定比例尺的地形图作为底图，通过野外调查和测绘将调查和测绘的内容勾绘到地形图上。主要用于勾绘地质现象的范围并记录其特征。常用的方法有穿越法和追踪法，常用的定点方法为手持GPS法和交汇法，常用的工具有GPS、钢卷尺或皮尺、手持测距仪、罗盘等。该方法的特点是费时费人，劳动强度大。

（3）直接测绘法

直接测绘法是在测绘地形图时直接将一些地质现象勾绘或标注在地形图上，可在平面和剖面测量时直接测绘。主要用于一些特殊的地质现象，如断层露头、地下水出露点、重大的泥石流物源等。该方法的特点是精度高。

3.地面调查和测绘的一般要求

（1）调查路线和观测点的布置

不宜平均布置，观测路线与观测点的密度可视地质条件的复杂程度和地质灾害的发育程度合理布置。

（2）调查和定点

采用穿越法、追踪法和直接测绘法相结合，所有的调查点定位采用GPS和微地貌定位。

（3）调查记录

野外调查记录必须按规定调查表认真填写，要用野外调查记录本做沿途观察记录，并附示意性图件（平面图、剖面图、素描图等）和影像资料等。

（4）填图清绘要求

工作手图上的各类观测点和地质界线，在野外应用铅笔绘制。转绘到清图上后应及时上墨；凡能在图上表示出面积和形状的地质体，均应在实地勾绘在图上，不能表示实际面积、形状的，用规定的符号表示；清图中各类地质灾害体和地质界线应按规定图例绘制，不再表示观测点符号。

三、勘探

1.勘探的目的、任务

勘探的目的是揭露肉眼无法直视的地表以下的地质现象，对于泥石流勘查主要用于揭露泥石流堆积物、主要物源、拟布设治理工程处的地层岩性和厚度，并用于进行现场测试、取样等。

2.泥石流常用的勘探方法

（1）钻探

钻探是利用各种型号的钻机进行钻孔勘查及取样的一种勘探方法。其特点是勘探深度大，可以在钻孔内进行动探、标贯、声波测试和采取原状、扰动试样及地下水样，但设备笨重、搬移费时费力且造价高，同时因其钻孔口径小，钻探过程中易扰动地层，岩性的直观性稍差。在泥石流勘查中该方法常用于洪积扇、重大滑坡、拟布设拦挡坝坝基的勘查。

（2）井探

井探是利用人工开挖、借助简易提升设备挖探井进行勘查及取样的一种勘探方法。其特点是可以在探井中采取原状、扰动试样及地下水样。该方法简便易行，成本相对较低，因其口径大，可以更为直观地对地层岩性和地质现象进行观察描述，但勘探深度有限且在易坍塌地层中施工存在一定的安全风险。在泥石流勘查中该方法常用于堆积厚度不大的洪积扇、沟道堆积物、中浅层滑坡、坡面侵蚀、拟布设拦挡坝坝基和坝肩及翼墙、排导工程基础及已有防治工程基础埋深的勘查。

（3）槽探

槽探是利用人工或小型挖掘机开挖深度一般不超过3 m的沟槽状勘探方法。其特点是勘探深度浅，可以在探槽中采取原状、扰动试样及地下水样。该方法简便易行，成本相对较低，因其位于地表，可以更为直观地对地层岩性和地质现象进行观察描述，但在易坍塌地层中施工需要一定的放坡。在泥石流勘查中该方法常用于坡面侵蚀物源、沟岸坍塌物源、拟布设拦挡坝坝肩的勘查。

（4）物探

物探是借助特殊的仪器设备探测地下地质现象的一种勘探方法。其特点是勘探深度大，简便易行，成本相对较低，但物探成果因其具有多解性，需要多种物探方法或钻探资料验证。物探方法较多，常用的有电测深法、电剖面法、浅层折射波法、浅层反射波法、瑞利波法、瞬变电磁法、层析成像法、综合测井法、声波法、无线电波透视法、测氡法、高密度法、探地雷达法等。在泥石流勘查中物探应用较少，主要使用高密度法及使用探地雷达探测洪积扇和重大滑坡物源的厚度等。

3.泥石流勘探一般要求

（1）钻探

钻孔取芯、采样、编录、岩芯保留与处理、简易水文地质观测、水文地质试验、封孔和钻孔坐标的测定等应按《建筑工程地质勘探与取样技术规程》（JGJ/T87—2012）要求执行；钻孔竣工后，必须及时提交各种资料，包括钻孔施工设计书、岩芯记录表（岩芯的照片或录像）、钻孔地质柱状图、采样成果、简易水文地质观测记录、测井曲线、钻孔质量验收书、钻孔施工小结等。

（2）井探、槽探

各探槽、探井揭露的地质现象都必须及时进行详细编录和制作大比例尺（一般为1∶20～1∶100）的展视图或剖面图，以真实反映各壁及底板的地层岩性界线、结构、构造特征、水文地质与工程地质特征、取样位置等，对重要地段（滑面带等）必须进行拍照或录像；探槽、探井竣工后应及时回填，需留作监测用的应用盖板盖严，以防出现安全事故。

（3）物探

特殊工程的物探须提交物探报告和相应的图件，一般的只需提交相应的图件。物探工作报告一般应包括：序言，地形、地质及地球物理特征，工作方法、技术及其质量评价，资料整理和解释推断，结论和建议等部分。附图应包括工作布置图，必需的平面、剖面、曲线图、解释成果图等。

四、实验测试

1.实验测试的目的、任务

试验测试的目的是确定泥石流堆积物特征、泥石流重度特征和拟布设工程处持力层的物理力学、腐蚀性等特征。

2.泥石流勘查常用的实验测试方法

（1）现场试验

泥石流勘查的现场试验主要有堆积物的颗粒分析试验、泥石流重度配比试验、拟建构筑物持力层的动探、标贯试验等。

（2）室内试验

泥石流勘查的室内试验主要有堆积物的颗粒分析试验、拟建构筑物持力层岩土体的物理力学、水理性质试验，地表水、地下水、岩土体的腐蚀性试验等。

五、泥石流勘查程序

正常的泥石流勘查应该按照以下程序进行：资料收集和分析；野外现场踏勘；编制勘查大纲或勘查设计书；勘查工作准备；野外勘查；资料整理和编制勘查报告；报告评审、修改、提交。

第三章 资料收集、野外踏勘和编制勘查方案

第一节 资料收集要点

一、资料收集内容

1. 收集地质灾害形成的地质背景和主要形成条件与诱发因素资料，包括：水文、气象、地形地貌、地层岩性与构造、地震、水文地质、工程地质和人类工程经济活动等。

2. 收集地质灾害现状与防治资料，包括：历史上所发生的各类地质灾害的时间、类型、规模、灾情和其调查、勘查、监测、治理及抢险、救灾等工作的资料。

3. 收集有关社会、经济资料，包括：人口与经济现状、发展等基本数据，城镇、水利水电、交通、矿山、耕地等工农业建设工程分布状况和国民经济建设规划、生态环境建设规划，各类自然、人文资源及其开发状况与规划等。

4. 收集地方政府和有关部门对地质灾害的防治法规和群策群防体系等减灾防灾措施。

二、资料收集方向

1. 国土、地勘系统

包括地方国土局、相关地勘单位，主要收集有关泥石流形成的地质环境等背景资料、历史灾情、历史勘查治理资料等。

2. 水利气象系统

包括地方水利局、气象局及水利水电规划设计单位，主要收集水文、气象和有关水电水利规划资料。

3. 城建交通系统

包括地方城建局、交通局，主要收集城镇建设、交通建设规划等资料。

4. 政府系统

包括市、县、乡镇等政府部门，主要收集人口与经济现状、发展等基本数据，耕地

等工农业建设工程分布状况和国民经济建设规划、生态环境建设规划，各类自然、人文资源及其开发状况与规划。

第二节　野外踏勘工作要点

一、踏勘工作的目的和踏勘任务、要点

野外现场踏勘的目的主要是为编制勘查设计书或勘查工作准备奠定基础。其主要任务和要点是了解拟勘查区或泥石流沟谷的地质环境背景、地质灾害概况，勘查施工条件，初步拟定治理方案等，具体包括：

1.泥石流形成的地质环境背景条件

通过踏勘简单了解勘查区的流域面积、支沟数量、高差等地形地貌条件，地层岩性和风化破碎情况及可钻性等，大地构造位置，土地类型和分布，植被类型和分布，泥石流主要物质类型，流域内人类工程活动情况等。

2.泥石流地质灾害概况

通过踏勘和访问初步了解泥石流的类型、泥石流沟谷与主沟或主河道的关系、历史灾情和危害方式、目前受威胁对象的分布范围和可能的危害方式等。

3.勘查施工条件

通过踏勘初步了解和掌握勘查区的对内对外交通条件、食宿条件、施工用水用电条件等，为制定勘查施工方案和计算勘查工期、费用等奠定基础。

4.初步制定治理方案和勘查工作部署方案

根据上述踏勘和访问了解、掌握的资料，现场制定初步的治理方案和勘查工作部署方案。

二、野外踏勘工作方法

野外踏勘时必备的资料有勘查区行政交通位置图、可收集到的最大比例尺地质图和地形图。

现场踏勘一般采用穿插法布置踏勘线路。首选线路是从入河口穿过洪积扇，沿沟谷自下而上穿越，包括所有的支沟；辅助路线是沿两侧的分水岭自下而上穿越。当然，如果有直接到达山顶的通车道路，也可以从山顶沿沟谷或分水岭自上而下穿越踏勘。

三、泥石流勘查要做好的工作准备

泥石流勘查要做好的工作准备包括勘查技术人员准备、技术资料准备、勘查设备准备、勘查材料准备、勘查施工人员准备等。

依据勘查大纲或勘查设计书，做好上述各项准备工作，以免盲目仓促出队，造成窝工、延误工期。

第三节　编制勘查方案或勘查设计书要点

编制勘查方案或勘查设计书的目的是做好勘查准备工作、指导勘查工作和确定合理的勘查费用。

勘查设计书的主要内容应包括任务来源、目的任务、依据、勘查阶段，自然地理和地质环境条件概况，泥石流沟概况和灾害概况，防治工程设想，勘查工作方法、勘查工作布置和工作量，勘查工作质量要求，勘查工作实施方案，预计成果，费用预算，相应的附图等。设计书应做到任务明确，依据充分，各项工作部署合理、技术方法先进可行、措施有力，文字简明扼要、重点突出，所附图表清晰齐全。

设计书编制提纲如下：

第一章　前言

第一节　目标任务

包括项目来源、目的任务、勘查依据、勘查范围、勘查阶段、勘查工作起止时间等。

第二节　工作区范围和自然地理条件

包括地理位置、坐标范围或图幅及编号、交通概况、社会经济概况。

第三节　以往工作程度

包括以往区域地质、水工环地质工作情况和与本次调查有关的成果及存在的问题与不足。

第二章　区域地质环境条件

包括气象水文、土壤植被、地形地貌、地层岩性、地质构造和地震、水文地质、岩土体工程地质特征、人类工程经济活动对地质环境的影响等。

第三章　泥石流地质灾害概况

包括泥石流形成条件、泥石流基本特征概况、泥石流灾害史、泥石流危害性或危险性、泥石流防治现状等。

第四章　泥石流的防治工程设想

第五章　工作部署

第一节　工作部署原则

包括总体工作思路、技术路线和部署原则。

第二节　总体工作部署和具体布置

包括不同层次和各类地区的工作部署，分阶段的主要工作内容，设计工作量等。

分节论述所采用的工作方法与各自的技术要求和地质环境评价的方法与要求。包括泥石流形成背景条件调查、泥石流活动特征调查、泥石流性质与运动特征调查、泥石流堆积特征调查、危险区自然、社会和危害状况调查、勘探和试验、工程测量技术要求、泥石流特征值计算评价方法等。

第七章　施工组织及保障措施

主要是人员设备安排、工作进度安排及保证措施、质量保证措施、安全保证措施等。

第八章　预期提交成果

主要是预期提交勘查报告的大纲和主要内容及附图、附表目录等。

第九章　经费预算

包括工作区基本条件、自然地理概况、地质概况、以往地质工作程度、主要设计工作量、预算编制依据、预算编制过程、预算结果。

附图和附表

（1）工作区范围图

（2）研究程度图

（3）工作部署图

第四章　泥石流形成条件和影响因素勘查要点

第一节　地质环境背景条件勘查要点

一、勘查内容

1.水文、气象

水文勘查重点内容包括泥石流沟谷所在的水系、支流等级、与主沟的交汇角度、交汇处主沟沟谷特征和泥石流沟谷、主沟的水文特点。气象勘查重点主要是对形成泥石流有控制作用的气候特征值，主要有温度和降水特征值、季节性冻土深度等。

2.土壤、植被

勘查的重点内容包括流域土地类型、植物种属组成和分布规律，了解主要树、草种及作物品种的生物学特性，确定各地段植被覆盖程度，圈定出植被严重破坏区。

3.地形地貌

勘查的重点内容包括宏观地形地貌和微观地形地貌，分析地形地貌与泥石流活动之间的内在联系，确定地貌发育演变历史及泥石流活动的发育阶段。宏观地形地貌或区域地形地貌主要勘查泥石流沟谷源于山地、黄土丘陵或高阶地等何种地貌类型及其特征，出山后进入或流经河流的阶地或直接进入主沟、主河道及其特征。微观地形地貌主要勘查流域支沟发育情况，沿沟谷台地或阶地发育程度及其特征。

4.地层岩性

勘查的重点包括宏观和微观地层岩性。宏观或区域地层岩性主要勘查流域及其周边出露或分布的主要地层岩性及其特征。微观地层岩性主要勘查对泥石流形成提供松散固体物质来源的易风化软弱层、构造破碎带，第四系的分布状况和岩性特征等。

5.地质构造和新构造运动及地震

勘查内容包括勘查区所在的大地构造位置和主要构造形迹及新构造运动特征，重点调查、研究地质构造和新构造对地形地貌、松散固体物质形成和分布的控制作用及其与泥石流活动的关系。

搜集历史地震资料和未来地震活动趋势分析资料，分析、研究地震可能对泥石流物源条件的改变及对泥石流的触发作用。

6.人类工程活动

勘查的重点包括人类工程活动对地质环境的影响和所产生的固体废弃物。固体废弃物在松散固体物质条件中介绍。对地质环境的影响主要有对流域、沟道地形地貌的改变和开垦坡地加剧水土流失。如削山造地改变流域地形、沟脑源区或高阶地区建设和场地硬化改变流域汇水面积等，工程建设挤占沟道、桥涵改变过流断面等，如林地、草地开垦耕地破坏植被加剧水土流失等。

二、勘查方法

地质环境背景条件勘查常用的方法主要是资料收集、遥感解译、地面调查的复核法、填图法和直接测绘法。前三者多用于宏观性或区域性勘查，后两者多用于微观或局部性勘查。

第二节 地形条件勘查要点

一、流域面积和流域形态调查

泥石流流域面积包括山区部分集雨面积至山口堆积扇面积之和。其确定可以在一定比例尺的地形图上以分水岭为界先勾画出流域范围，然后用求积仪法或米格纸法量取，也可以在计算机上直接圈定量取。

二、流域高差和山坡坡度勘查

确定流域内最大地形高差，上、中、下游各沟段沟谷与山脊的平均高差，山坡最大、最小及平均坡度，各种坡度级别所占的面积比率，分析地形地貌与泥石流活动之间的内在联系，确定地貌发育演变历史及泥石流活动的发育阶段。可以通过野外勘查直接分段测量统计，也可以在地形图上直接分段计算统计，最好是以DEM数据为基础，利用GIS平台进行提取计算统计。

三、沟谷纵比降勘查

沟谷纵比降是影响泥石流运动能量的重要因素，采用山口以上沟段或流通区和形成区沟段的平均比降表示。可以通过野外勘查直接分段测量统计，也可以在地形图上直接分段计算统计，采用分段统计时按加权平均值计算。

四、流域分区勘查

泥石流流域分区的依据主要有流域形态、山坡坡度、支沟发育程度、植被发育程度和主沟形态及松散物质来源等。

1.泥石流形成区

泥石流形成区位于流域的中上游，一般情况下形态上大下小，支沟发育，山坡坡度变化较大，沟道比降大，沟谷形态多为"V"形，物源以面蚀和滑坡、崩塌为主。部分泥石流沟谷又可以细分出清水补给区和固体物质补给区。清水补给区植被发育，以汇集清水为主，仅有少量的崩塌或沟岸坍塌补给。但划分清水补给区应慎重，在甘肃省内除陇南、天水、甘南等地区的部分流域在沟谷源头和分水岭一带植被覆盖率高，可以划分出小范围清水补给区外，其他地区几乎难以划出。

泥石流形成区的勘查重点为对沟谷流域形态、支沟发育特征、山坡坡度特征、植被发育特征、沟道特征、物源类型等泥石流的降水汇流条件与固体物质补给条件的勘查与认识。

2.流通区

流通区位于流域的中下游，一般情况下形态上下相差不大，支沟不发育，山坡坡度变化较大，沟谷岸坡较陡、沟道比降大多跌水，沟谷形态多为"U"形，沟岸坍塌严重。

泥石流流通区勘查的重点是沟床纵横坡度、跌水、急湾等特征，沟床两侧山坡坡度、稳定程度，沟床的冲淤变化和泥石流的痕迹等。

3.泥石流堆积区

泥石流堆积区位于近沟口和出山口，一般情况下为上小下大，地形相对开阔，往往叠加于河谷阶地或沟谷台地之上。

泥石流堆积区勘查的重点是堆积扇分布范围、表面形态、纵坡、植被、沟道变迁和冲淤情况，堆积物的性质、层次、厚度、一般粒径和最大粒径及分布规律。判定堆积区的形成历史、堆积速度，估算一次最大堆积量。泥石流堆积区往往还有村镇或工农业生产设施与交通设施分布，这些也往往是泥石流的主要危害对象之一，勘查中要高度重视，重点对其进行详细的调查，同时还要着重对堆积区人类工程活动的情况进行勘查，尤其是加强人类工程活动对扇形地的改造情况及既有泥石流防治工程情况的勘查。

上述勘查以遥感解译、地质调查、地质测绘为主。应填写相应的调查表格（表4-1、4-2、4-3）和做好野外记录并在手图上进行相应的填图、标注等，并配以相应的照片或断面图。

表4-1　泥石流沟谷地形要素统计表

沟谷名称	流域面积(km²)	主沟长度(m)	主沟纵比(‰)	沟坡坡度(°)	相对高差(m)	沟谷几何形态	植被覆盖率(%) 林木	植被覆盖率(%) 草本	沟道弯曲程度	沟道堵塞程度	沟床宽度(m)	支沟发育程度	主要支沟类型	堆积扇形态
…														

表4-2　泥石流沟谷形成区、流通区地形地貌特征勘测表

沟谷名称	流域面积(km²)	分区	面积(km²)	高程(m)	相对高差(m)	沟道长(m)	沟道坡降(%)	沟谷形态	两岸坡度(°)	出露地层及特征	植被覆盖率(%)	冲淤特征
		形成区										
		流通区										
		形成区										
		流通区										
…		形成区										
		流通区										

表4-3　泥石流堆积区地形地貌特征

沟谷名称	洪积扇发育情况	堆积宽度(m)	堆积长度(m)	扩散角度(°)	堆积区纵坡降(%)	沟道位置	沟道宽度(m)	沟道深度(m)	沟槽冲淤特征
…									

第三节　松散固体物质条件勘查要点

松散固体物质是形成泥石流的必备条件之一，也是泥石流勘查的重点。泥石流松散物源勘查主要是勘查泥石流的松散物质补给类型、数量、位置和转化关系等。泥石流的松散固体物质来源主要有坡面侵蚀、滑坡和崩塌、沟岸坍塌和沟底再搬运及其他物源等。

一、坡面侵蚀松散物补给量勘查

坡面侵蚀指降雨雨点溅蚀和面状流冲蚀启动的物源，也包括强降雨对坡面局部的剥蚀或溜滑启动的物源。面蚀松散固体物源主要为残坡积物覆盖层、风积覆盖层及风化剥落物、崩积散落物等。

1. 勘查重点

圈定面蚀分布范围和相对位置，确定厚度和物质组成及密实度，调查测量历史降雨形成的纹沟、细沟冲切深度，侵蚀模数等。

2. 勘查方法

利用遥感解译、地面调查、地质测绘等方法分片圈定范围和相对位置；用井探、槽探或物探确定其厚度、物质组成、粒度组成、密实度等；用手持简单设备测量各片的坡度、纹沟、细沟冲切深度等；收集区域侵蚀模数等资料，列表进行统计，具体内容见表4-4。

二、滑坡、崩塌松散物补给量勘查

滑坡、崩塌松散物指历史上发生、堆积于流域内的滑坡体、崩塌堆积体，其补给除面状侵蚀外，更多的是受降水作用滑坡体或崩塌体局部失稳或整体失稳的集中性补给。

1. 勘查重点

圈定滑坡体或崩塌体分布范围和相对位置，确定厚度和物质组成，调查滑坡、崩塌体特征，分析其稳定性和遭受降雨、洪水的影响程度等。

2. 勘查方法

利用遥感解译、地面调查、地质测绘等方法分别圈定滑坡、崩塌体范围和相对位置，调查其特征；用物探、井探、钻探等方法确定其厚度和物质组成特征等；用工程类比法，结合野外判定标准分析其稳定性；依据相对位置分析判定降雨和洪水对其影响程度，分析其转化关系和可转化量，列表进行统计，具体内容见表4-5。

三、沟岸坍塌松散物补给量勘查

沟岸坍塌补给物指受沟谷洪水下切侧蚀引起沟岸坍塌补给泥石流的固体物质，物质来源可以是沟谷台地冲洪积物、岸坡坡积物、风积物、基岩等，分布范围可以在沟脑，也可以在补给区和流通区，甚至堆积区。

1. 勘查重点

圈定分布范围和相对位置，确定长度、宽度、高度、物质组成，调查分析其稳定性、坍岸方式，受洪水的影响方式和程度等。

2. 勘查方法

利用地面调查、地质测绘等方法分段圈定坍岸范围和相对位置，调查其地貌类型、物质组成等特征；用简单手持设备测量各段的长度、宽度、高度、坡度等；用工程类比法，结合野外判定标准分析其稳定性；依据相对位置分析判定降雨和洪水对其的影响程度；用理论公式计算其坍岸宽度和物质量，列表进行统计，具体内容见表4-6。

计算公式：

$$U = H \cdot L \cdot d \cdot \sin(90 - \alpha)$$

式中：

U 为沟岸坍塌松散物质储量（m³）；

H 为谷坡高度（m）；

L 为下切长度（m）；

d 为沟床下切深度（m）；

a 为谷坡倾角（°）。

四、沟床再搬运松散物补给量勘查

沟床再搬运松散物补给量指沟道内历史泥石流堆积物和洪积物受洪水或泥石流冲刷再次启动搬运的补给量，物质来源主要为洪积物，包括支沟沟口的泥石流堆积物，主要分布于沟谷的中下游宽缓地带和支沟沟口。

1.勘查重点

圈定分段的分布范围和相对位置，确定长度、宽度、厚度、物质组成和粒度特征，调查分析历史洪水或泥石流一次下切深度等。

2.勘查方法

利用地面调查、地质测绘等方法分段圈定沟底再搬运范围和相对位置；用简单手持设备测量各段的长度、宽度、沟床坡降、历史洪水或泥石流一次下切深度等；用井探确定其厚度和物质组成及粒度特征；用简单公式或沟道揭底公式计算再搬运物质量，列表进行统计，具体内容见表4-7。

五、其他物源松散物补给量勘查

其他物源松散物主要指人工堆积物，包括各类弃土弃渣、人工垃圾等。

1.勘查重点

圈定人工堆积体分布范围和相对位置，确定各堆积体的长、宽、高、坡度、物质组成、变形特征等，分析其稳定性和遭受降雨、洪水的影响程度等。除此之外，还要重点调查清楚其形成原因，以准确界定这一部分物质的治理责任主体。

2.勘查方法

利用地面调查、地质测绘等方法圈定人工堆积体范围和相对位置，调查其物质组成、变形特征等；用简单手持设备或专用设备测量各堆积体的长度、宽度、高度、坡度等；用工程类比法分析其稳定性；利用简单求积公式计算各堆积体的体积，依据相对位置分析判定降雨和洪水对其的影响程度，分析其转化关系和可转化量，列表进行统计，具体内容见表4-8，汇总表见表4-9。

六、关于动储量计算的说明

可能参与泥石流活动的动储量主要从以下几个方面分析与评价：固体物源本身的稳定性；坡体的坡度角与坡体物质结构及沟道的纵坡降；暴雨强度与洪水冲刷（或携带）能力。

1.不良物理地质体

据野外实测资料分别计算储量，然后按其所处地貌位置、稳定情况和松散程度分别采用不同的比例估算其可移动体积。

崩滑堆积物源参与泥石流活动的方式主要有三种：第一种是崩滑堆积物堆积于沟道内，在暴雨洪水或泥石流冲刷下，堆积体被冲刷、裹挟而参与泥石流活动，可参与泥石流活动的物质主要为进入沟道内可能被洪水冲切的部分和该部分被带走后堆积体上部将滑塌达到稳定休止角以上的部分，视其对沟道的堵塞情况及堆积坡度和稳定性、堆积物颗粒特征和结构差异、稳定休止角的差异，其可能参与泥石流活动的物源量一般占40%～70%。

第二种情况是残余在坡体上的松散堆积体及崩坡积物分布于斜坡下部，但未进入沟床，其参与泥石流活动的方式主要是在暴雨冲刷下，部分物源进入沟道，再被泥石流裹挟带走，由于其运动路径和过程相对较长，运动中部分物质仍可能被斜坡上的树木阻挡或缓坡地带缓冲而停积，因此其可能参与泥石流活动的比例相对较小，且主要以细粒物质为主，视堆积坡度及堆积物颗粒级配的不同，其可能参与泥石流活动的物源量一般占10%～30%。

第三种情况为目前仍存留于斜坡体上，但处于不稳定状态，可能发生整体破坏的崩滑体，其可能堵塞下方沟道，然后被冲溃并参与泥石流活动，视其坡度、所处斜坡位置及可能运动的速度、崩滑体颗粒级配特征及下方沟道特征的差异，其可能参与泥石流活动的物源量可占50%～70%。

2.沟床松散堆积物

沟道堆积物源参与泥石流活动的方式主要为沟床的揭底冲刷，其可参与泥石流活动的物源量主要由沟底拉槽下切可能掏蚀的部分及拉槽下切后，两侧岸坡可能失稳进而参与泥石流活动的物源两部分组成。因而，其可参与泥石流活动的动储量主要取决于沟道冲刷深度和可能冲刷的宽度，而冲刷深度又由沟道形态特征、宽度、纵坡降、水力条件、堆积物颗粒级配及结构特征等决定。

根据实地调查资料分别计算储量，泥石流沟床堆积物可移动体积按储量的可冲刷切割深度估算。

3. 坡面侵蚀物源

坡面侵蚀物源区参与泥石流活动的方式主要为水土流失，面蚀和沟蚀的情况均有，侵蚀强烈的可能形成坡面泥石流或坡面冲沟泥石流，而侵蚀强度主要受降雨量、斜坡结构、斜坡表层岩土体结构特征、斜坡坡度、植被特征、地震破坏情况等因素控制，总体上这些坡面侵蚀物源区坡度均较大，有的沟段植被破坏也较为严重，其一般侵蚀深度约为 0.5 m，且部分因侵蚀区植被、下部缓坡、公路等阻挡，其可参与泥石流活动的物源量将进一步折减。根据实际，可以将流域面积内的侵蚀强度细分为三级：植被发育较好、地形坡度较小的区域为轻度侵蚀区；地形较陡、地质灾害体发育密集、第四系松散堆积物较厚的区域为中度侵蚀区；植被覆盖率低、耕种活动较强的区域为强度侵蚀区。依据三区的面积和不同的侵蚀模数进行计算统计。

4. 人工堆积物源

人工堆积可移动物体积根据所处位置及稳定程度参照不良地质体按不同比例计算。

表4-4　坡面侵蚀松散固体物源补给量勘查统计表

分片号	所在沟谷	相对位置	形态	长度(m)	宽度(m)	面积(m²)	平均厚度(m)	总体积(10⁴ m³)	土地类型	物质组成	面蚀沟谷切深	侵蚀模数(m³/km²)	转化比例(%)	转化数量(10⁴ m³)	备注
1															
2															
3															
…															
合计															

表4-5　滑坡、崩塌松散固体物源补给量勘查统计表

编号	所在沟谷	相对位置	形态	长度(m)	宽度(m)	面积(m²)	平均厚度(m)	总体积(10⁴ m³)	物质组成	稳定性	洪水影响程度	失稳方式	转化比例(%)	转化数量(10⁴ m³)	备注
1															
2															
3															
…															
合计															

表4-6 沟岸坍塌松散固体物源补给量勘查统计表

分段号	所在沟谷	相对位置	长度(m)	宽度(m)	谷坡高度(m)	下切深度(m)	谷坡倾角(°)	总体积(10⁴m³)	地貌类型	洪水影响程度	稳定性	物质组成	转化比例(%)	转化数量(10⁴m³)	备注
1															
2															
3															
…															
合计															

表4-7 沟底再搬运松散固体物源补给量勘查统计表

分段号	所在沟谷	相对位置	长度(m)	平均宽度(m)	平均厚度(m)	总体积(10⁴m³)	物质组成	粒度特征	沟谷比降(°)	下切深度(m)	转化比例(%)	转化数量(10⁴m³)	备注
1													
2													
3													
…													
合计													

表4-8 人工弃渣松散固体物源补给量勘查统计表

渣堆号	所在沟谷	相对位置	形态	长度(m)	宽度(m)	平均厚度(m)	坡度(°)	总体积(10⁴m³)	洪水影响程度	稳定性	物质组成	转化比例(%)	转化数量(10⁴m³)	备注
1														
2														
3														
…														
合计														

表4-9 松散固体物质储量汇总表

编号	沟谷名称	流域面积(km²)	面蚀物源(10⁴m³)		滑崩物源(10⁴m³)		塌岸物源(10⁴m³)		再搬运(10⁴m³)		其他(10⁴m³)		总量(10⁴m³)		单位面积储量(10⁴m³/km²)
			静储量	动储量	静储量	动储量	静储量	动储量	静储量	动储量	静储量	动储量	静储量	动储量	
N₁															
N₂															
N₃															
…															

第四节　水动力条件勘查要点

水动力是泥石流形成的三个必备条件之一。形成泥石流的水源类型主要有降雨型、冰川型、水体溃决型等，最常见的是降雨型。

一、勘查重点

水动力勘查重点为泥石流形成的水源类型、水量、汇水条件等。降雨型主要调查当地暴雨强度、前期降雨量、一次最大降雨量等；冰川型主要调查冰雪可融化的体积、融化的时间、可产生的最大流量等；水体溃决型主要调查因水库、冰湖溃决而外泄的最大流量及地下水活动情况等。

二、勘查方法

以资料收集和分析研究为主。对于降雨型，根据沟域内或附近气象站资料分析统计前期降水与暴雨过程（24 h、1 h、0.5 h、1/6 h雨强）与泥石流暴发的关系，长期观测最大值与平均值。根据沟域内或附近水文站观测资料，分析研究沟道洪水水位、流量历时特征等。对于水文观测资料缺乏的小流域，参考地区水文手册或利用附近水文站资料校核。具体内容见表4-10、4-11。

表4-10　勘查区有关泥石流形成降水数据统计表

年　　　月　　　日泥石流降水有关数据				
项　目	24 h	1 h	1/2 h	1/6 h	…
降水量					

表4-11　长期观测最大值与平均值

项　目	$H_{年最大值}$	$H_{年平均值}$	$H_{24 h最大值}$	$H_{24 h平均值}$	$H_{1 h最大值}$	$H_{1 h平均值}$	$H_{1/2 h最大值}$	$H_{1/6 h平均值}$
降水量								
备　注	资料来自＿＿＿气象局＿＿＿年—＿＿＿年共＿＿＿年观测记录。							

第五章　泥石流特征勘查和特征值计算

第一节　泥石流形成特征勘查要点

一、勘查重点

勘查重点之一是确定泥石流形成的动力类型。泥石流动力类型包括水力类和土力类或重力类。所谓水力类是坡面、沟道中的松散碎屑物质受坡面和沟道水流的冲刷和各种侵蚀作用，以颗粒形式脱离母体，不断地进入流体，随着侵蚀的加剧，流体内的泥沙、石块不断增加，并且在运动中不断搅拌，当固相物质含量达到某一极限值时，流体性质发生变化，成为泥石流。上述过程实际上是一种水动力过程，泥石流的形成是水力侵蚀的结果，径流量和坡度的大小决定径流的动力，从而决定能启动的固体物质的多少。所以，以水力为主要动力所形成的泥石流多为固相物质含量相对较少的稀性泥石流。所谓土力类或重力类是坡面上和沟道中的松散碎屑物质受降水、径流的浸润、渗透和浸泡，含水量逐渐增加，导致松散碎屑堆积物的内摩擦角和内聚力不断减小，并出现渗透水流和动水压力而液化，导致其稳定性遭破坏，在重力作用下而沿坡面滑动或流动，经过一段时间和一段距离的混合搅拌，固液充分掺混形成具有特定结构的泥石流。这是一种水和固体物质在本身重力作用下而产生运动的、固相物质含量相对较多的黏性泥石流。

勘查重点之二是泥石流形成的水源条件、汇水条件和汇水范围等，物质来源和物质启动方式，水土何时、如何搅混形成泥石流等，即流域内的降水在什么范围以何种形式汇集，如何启动何处的何种松散物质进而形成何种类型的泥石流。

二、勘查方法

以上述地质环境背景和泥石流形成条件勘查资料为基础，采用综合分析方法进行分析推理。

第二节　泥石流冲淤特征和堆积特征勘查要点

一、泥石流冲淤特征勘查

一条泥石流沟，并不是每一次降雨过程都发生泥石流，根据其条件，有时候过流以洪水或者高含沙洪水为主，有时候则以泥石流为主。一般来说，当沟道是洪水的时候，多以冲刷侵蚀为主，泥石流尤其是黏性泥石流的时候在流通区和堆积区则较多地表现为淤积。对于稀性泥石流和黏性泥石流，随着流体密度的变化和流体流动性质的变化，冲淤变化也较为显著。对泥石流冲淤变化的正确认识，直接关系到治理工程的选择，是泥石流勘查最基本的内容之一，也是生产实践中容易被忽视的内容。

二、冲淤变化规律和影响因素

影响泥石流冲淤变化的因素有泥石流性质及粒度组成、比降、泥深和流量、侵蚀基准、沟谷形态和物质的可搬运性等方面。

1.一般而言，对于稀性泥石流，流体密度愈大，则挟沙能力愈大，冲刷就会愈剧烈；而黏性泥石流，流体密度大，黏度高，泥深大时则冲刷概率大，泥深小时淤积可能性增加。

2.沟床比降大小直接影响泥石流的挟沙能力，比降愈大，无论何种泥石流，冲刷能力均增大。一般沟床比降>10%时，以冲刷为主；而<5%时，以淤积为主；而不冲不淤的稳定比降（J）可由下式求得：

$$J = 0.17(d_{50}/F)^{0.2}$$

式中：

d_{50}为沟床组成物的中值粒体；

F为流域面积。

一般当泥深<0.2 m时，多发生淤积；泥深>0.5 m时，多发生侵蚀。

3.侵蚀基准的影响是坡降调整，有人工侵蚀基准和自然侵蚀基准。在泥石流冲刷、淤积的过程中，可能由于堆积形成临时基准或临时基准被侵蚀而消失。在狭窄的"V"形谷上游沟段，沟床窄，下切侵蚀快；中游呈"U"形，沟床相对宽，一般在规模大且流速大时冲刷，流速小且规模小时淤积；沟口附近及以下，以淤积为主，形成了大规模泥石流堆积扇。

4.泥石流的冲淤变化还受沟道弯曲、支沟汇入及沟谷宽度变化的影响，形成局部的特殊冲淤现象。在沟道弯曲处，泥面升高，增大其泥面比降，冲刷剧烈，黏性泥石流尤其明显，可形成20 m深的侵蚀槽。通常弯道下游、主流顶冲段、束窄沟段、裂点下游、支流交汇口多出现冲刷，相应在弯道凸岩、沟谷宽段、束窄段上游多出现堆积。

5.泥石流从上游到下游的冲淤变化，通称沿程变化。一般从上游到下游，泥石流规模由小到大，沟床条件由窄陡到宽浅。泥石流冲淤表现为上游为冲刷段，中游为冲淤交替段，下游为堆积段。

6.流域林草覆盖率高，冲淤变化不明显且微弱。若裸露面积扩大则冲淤变化明显且加剧。一般在一年中规模大的泥石流冲刷，小规模泥石流多淤积，有的泥石流处于冲淤交替的动态平衡中。

三、泥石流冲淤特征勘查重点

泥石流冲淤特征勘查的重点除泥石流沟道比降变化和弯曲变化外，尚有冲刷和淤积段的分段长度、所处沟谷的位置、冲刷或淤积的深度、沟底冲刷或淤积物特征等。上述有些特征的勘查已经包含在其他方面的勘查中。

四、泥石流堆积特征勘查

1.泥石流堆积特征

泥石流的堆积类型主要有堆积扇与堆积锥、堆积阶地、侧积等。

（1）堆积扇与堆积锥形态特征勘查

稀性泥石流出山口后，流体便以一定角度或辐射状散开，形成散流，发生扇状淤积，形成堆积扇。黏性流石流出山口后，则流体因整体受阻而发生垄岗状淤积，在长期的泥石流活动中，垄岗状淤积在堆积区交错发生，反复重叠，久而久之，也形成扇状堆积。若沟谷陡峻，固相物质粗大的泥石流，在堆积区常发育成堆积锥。泥石流堆积物构成的堆积扇纵坡较陡，一般在3°～9°之间，部分可达9°～12°，而洪积扇的纵坡一般在3°以下，同时泥石流堆积物构成的堆积扇横比降也比较大，一般在1°～3°之间，而洪积扇的横比降一般在1°以下。

（2）泥石流堆积阶地形态特征勘查

泥石流堆积阶地是发育在泥石流沟谷内的一种侵蚀－堆积地貌。泥石流在运动过程中，由于没有后续流的推动，不能克服来自沟谷底床和边壁的阻力而在沟谷内发生淤积，其后又遭洪水或稀性泥石流冲刷，而且洪水和稀性泥石流能量有限，只局部下切拉槽，于是在沟床两岸或一岸留下原有的堆积，形成了泥石流堆积阶地。

（3）泥石流侧积体形态特征勘查

泥石流在运动过程中由于边缘部位流层较薄，而边缘的阻力又较大，使得边缘部位流速减缓，部分流体或流体中的松散碎屑物质在边缘产生淤积，这种淤积就是侧积。这种堆积是流体的横向环流所致，因此，流体两侧或一侧不受边壁约束是形成该类型的关键条件。

（4）泥石流堆积物特征勘查

泥石流堆积物一般能分出若干层次，层间常存在一个很薄的粗化层或表泥层，这反映了两种不同沉积间歇期的环境特征。在每层内部泥、沙、砾粗细混杂，粒径差异很大，无分选性。黏性泥石流的砾石有微弱定向排列，稀性泥石流的多数砾石有明显的定向排列。

2.泥石流堆积特征勘查重点

重点是堆积体的类型和形态特征、堆积体的厚度及变化特征、堆积体的物质组成特征三个方面，包括：堆积扇的平面形态，堆积扇的长度、宽度、扩散角，扇面纵比降、横比降，堆积扇前缘被主河切割破坏情况、完整程度，扇面被人为改造程度，植被类型和覆盖度等；堆积阶地和侧积体在沟谷中的位置、堆积段沟谷形态，堆积阶地长度、宽度、厚度、纵横坡比降、冲切深度等；堆积体的总厚度、单层厚度及其随堆积体位置的变化，堆积体的最大粒径、颗粒组成和磨圆度、定向排列、堆积物的岩石成分等特征。

3.泥石流堆积特征勘查方法

除常规调查和测绘外，需要进行钻探或井探以揭示堆积韵律和厚度变化，并取样进行颗粒分析。

第三节　泥石流危害特征勘查与危险性分区要点

一、泥石流危害特征勘查内容和勘查重点

勘查内容及重点包括历史灾情和现在的险情。历史灾情包括历次泥石流发生的时间、降雨强度、流速、流量、重度等，历次泥石流受灾范围和危害对象、危害数量、危害形式。险情分析包括划分危险区（主要危险区和一般危险区），统计各区的危害对象和数量，分析各区可能的危害形式（淤埋和漫流、冲刷和磨蚀、撞击和爬高、堵塞或挤压河道）。

二、泥石流危害特征勘查方法

采用调查法和综合分析法。

1.调查了解历次泥石流发生的时间和降雨量及降雨特征；调查测量历次泥石流残留在沟道和建构筑物上的各种痕迹和堆积物特征；调查测量历次泥石流受灾范围和受灾形式；综合分析历次泥石流的规模、类型和特征。

2.依据现状沟道特征和与各危害对象间的相互位置关系及高差，依据现状沟道和沟道上各构筑物的过流能力，分析、划分危险区，统计危害对象和危害数量并估算潜在经济损失，分析不同区域危害对象遭受泥石流的可能危害形式。

3.需要说明的问题：第一，危害对象和危险区不仅包括主沟口，有些沟谷尚包括支沟沟口和沟谷沿岸一定范围内的威胁对象；第二，科研报告或论文中有关泥石流堆积范围的预测公式大多仅适用于理想化的地形或特定的条件，使用时应依据地形等条件进行复核；第三，统计危害对象和危害数量及估算经济损失时，应依据危害形式实事求是地分析统计；第四，堵塞或挤压河道分析评价时，不能仅依靠经验公式计算结果，同时应依据实际地形和泥石流堆积物特征并结合河流的水力特征进行综合分析确定。

第四节 泥石流特征值重度和流量的确定要点

一、泥石流重度勘查计算

泥石流重度不仅是泥石流计算的基本参数，也是泥石流特征体现的重要特征值，其值的大小在泥石流物源、流体特征、堆积方面都有所体现。

勘查的重点：泥石流发生时的流体特征，如流速、流态等；堆积特征，如堆积体形态、堆积物的分选等。

泥石流重度的确定方法较多，目前常用的有固体物质储量计算法、中值粒径法、堆积扇比降法、体积比计算法、现场试验计算法、易发性评分法等。

1.固体物质储量计算法

计算公式为

$$\gamma_c = 10.6A^{0.12}$$

式中：

γ_c 为泥石流重度（kN/m³）；

A 为单位面积可补给泥石流的固体物质储量（10^4 m³/km²）。

2.中值粒径计算法

计算公式为

$$\gamma_c = 1.30 + \lg\frac{10d_{50} + 2}{d_{50} + 2}$$

式中：

γ_c 为泥石流重度（kN/m³）；

d_{50} 为筛分实验中质量占50%以上的固体颗粒的粒径，以毫米计。

3.泥石流堆积扇比降法

计算公式为

$$\gamma_c = 16.9i + 14.4$$

式中：

γ_c 为泥石流重度（kN/m³）；

i 为泥石流堆积扇平均坡降，以小数计。

4.体积比计算法

计算公式为

$$\gamma_c = \gamma_s f_s + （1-f_s）\gamma_w$$

式中：

γ_c 为泥石流重度（kN/m³）；

γ_s 为固体颗粒重度（kN/m³）；

f_s 为泥石流中固体物质所占体积；

γ_w 为水的重度（kN/m³）。

5.现场实验计算法

计算公式为

$$\gamma_s = mg/V$$

式中：

γ_c 为泥石流重度（kN/m³）；

m 为实验的浆液质量（kg）；

g 为当地的重力加速度，一般取9.8 N/kg；

V 为实验的浆液体积（m³）。

6.易发性评分法

泥石流重度的确定也可采用查表法获取，按照《泥石流灾害防治工程勘查规范》（T/CAGHP 006—2018）填写泥石流调查表并按附录进行易发程度评分，再根据数量化评分（N）与重度、（1+φ）关系对照表，可得出泥石流评分，即为对应的重度。

泥石流重度勘查中应注意的问题：采用中值粒径法时颗粒分析样品的采集应具有代表性，即取样位置应在堆积扇的中部，且取未被后期水流冲过的沉积物，同时试验的数量应满足统计要求，即不少于6组；采用体积比配方法时泥石流中固体物质所占的比例应全面调查、综合确定，以保证其符合实际；采用现场配置试验法时固体物质不能随意乱取，应取泥石流堆积扇上具有代表性的物质，同时配置浆液的确认应有目睹泥石流发生的多人分别确认；易发性评分法其值偏高，多与实际有出入。

泥石流重度应综合确定，不仅要通过多方法比较，而且要根据现场实际情况综合取值：对已发生过泥石流的泥石流沟尽可能地采用现场配浆法计算确定；对未发生过泥石流的泥石流沟采用固体物质储量经验公式法和中值粒径法及查表法，最后综合考虑取值。

二、泥石流流量的确定

1.配方法或雨洪修正法

计算公式为

$$Q_c = (1 + \varphi) \cdot Q_p \cdot D_c$$

式中：

Q_c 为泥石流洪峰流量（m^3/s）；

Q_p 为不同频率的清水洪峰流量（m^3/s），采用适宜公式计算；

φ 为泥石流修正系数，$\varphi = (\gamma_c - 1) / (\gamma_H - \gamma_c)$

γ_c 为泥石流重度（kN/m^3）；γ_H 为固体物质重度（kN/m^3）；

D_c 为泥石流堵塞系数，根据调查的泥石流沟道堵塞情况查规范附表取值。

2.形态调查法

计算公式为

$$Q_c = W_c \cdot v_c$$

式中：

Q_c 为调查断面处泥石流流量（m^3/s）；

W_c 为断面面积（m^2）；

v_c 为断面处泥石流平均流速（m/s）。

在泥石流发生后，为了了解此次泥石流的最大流量而采用形态调查法。第一步，在泥石流通段选择比较顺的河段，设置一个具有控制意义的断面，调查该断面以上泥石流的水（泥）力坡度 I_c（可用沟床坡度代替）和泥深 H_c，同时根据泥深和选择的断面求出过流断面面积 W_c；第二步，确定泥石流的重度 γ_c，并根据地质条件或根据实测，求出泥沙石块的重度 γ_H；第三步，根据泥石流性质，选择适合当地的流速公式，计算出泥石流流速 v_c；第四步，根据公式计算泥石流量。

需要说明的是，应该依据降雨强度说明形态调查法确定的泥石流流量代表多少年一遇，同时应将计算断面处的流量换算为全流域的流量。

泥石流流量的综合确定：历史上发生过泥石流且泥痕、泥位清晰可见，建议以"形态调查法"为主，辅以"雨洪法"进行计算；历史上未发生过泥石流，或发生过，但由于时间太久，且泥痕、泥位均无法确认，建议以"雨洪法"为主，"形态调查法"作为参考值；支沟和主沟要分别计算，主沟及支沟的沟口、典型断面（或代表性断面）、拟设工程部位断面等要分别计算；计算时应考虑不同频率时的系列参数，并应列表进行分析与评价。

第六章 已有防治工程勘查与评价

已有防治工程勘查评价包括两个方面：其一是区域性已有防治工程调查评价；其二是流域内已有防治工程勘查评价。

第一节 区域性已有防治工程调查评价要点

一、区域性已有防治工程调查评价的目的

区域性已有防治工程调查评价的目的是指导防治方案和工程结构选择及构造设计，每个地区有各自经过实践检验、切实可行的治理方案、工程构造、结构设计特点，通过区域性防治工程调查评价，可以借鉴经验、指导设计。

二、区域性已有防治工程调查评价的内容

区域性已有防治工程调查评价的内容包括治理措施是以拦为主或以排为主、拦排结合；工程构造是以浆砌块石为主或是以素混凝土、钢筋混凝土为主；结构设计拦挡坝是以重力坝为主或是以格栅坝为主，拦挡工程下游消能措施是以副坝为主或是以护坦为主；排导工程采用何种断面等。

三、区域性已有防治工程调查评价的方法

调查评价方法以调查为主，以简单的定性评价为主。

第二节 流域内已有防治工程勘查要点

一、流域内已有防治工程勘查评价的目的

流域内已有防治工程勘查评价的目的除借鉴指导设计外，主要是为治理工程设计中对已有防治工程的处理提供依据。

二、流域内已有防治工程勘查评价的内容

1.已有拦挡工程的勘查评价

已有拦挡工程勘查评价的内容包括拦挡工程及附属工程的建造时间、结构构造、坝肩深度、基础埋深、基础掏蚀深度、溢流口断面、淤积程度和淤积量，结构的完整性、工程效果评价等。

2.已有排导工程和护岸工程的勘查评价

已有排导工程勘查评价的内容包括排导沟槽的宽度、深度、冲刷或淤积深度，排导堤和护岸堤的结构构造、基础深度，排导沟槽的过流能力、排导堤的完整性评价等。

3.已有其他工程的勘查评价

其他已有工程包括停淤场、过沟道路、过沟桥涵等。停淤场重点调查评价导流工程、拦挡工程、围堤工程的结构构造、完整性、工程效果等。过沟道路重点调查评价道路的宽度、通行的车辆类型、道路上下游沟道淤积或冲刷情况。过沟桥涵重点调查评价过流断面、过流能力、桥涵基础埋深、桥涵及其上下游淤积或冲刷深度等。

三、流域内已有防治工程勘查评价的方法

除常用的调查测绘方法外，需要借助皮尺、钢卷尺等简单的测量工具对一些重要的结构尺寸和冲刷深度进行详细测量，需要开挖探井对基础埋深和淤积厚度进行探测，同时需要通过稳定性和过流能力等计算进行评价。

第七章　治理方案选择和施工条件勘查

第一节　治理方案选择和工程选址要点

泥石流治理的工程措施众多，常见的有拦挡、排导、停淤、沟道整治、调水、防护、治坡等（图7-1）。根据不同的条件和目的，上述各种措施可以组成不同的组合，即不同的治理方案。

一、常见的治理措施及治理方案选择

泥石流的治理方案主要有以拦为主、以排为主、拦排结合、清污分流、综合治理等，其选择取决于治理目标、保护对象、治理资金和泥石流灾害特征等因素。

1.以拦为主方案的适用条件

以拦为主的方案是在流域支沟、主沟内实施拦沙坝、固坡坝、固沟坝、拦渣墙等拦固工程将松散固体物质就近拦截在沟道中，大量减少下泄固体物质和泥石流流量。其适用于如下条件：

（1）泥石流有堵塞主沟道或主河道的可能性和危险性

泥石流规模大，经计算有可能堵塞或堵断主沟、主河，给上、下游造成重大灾害。如舟曲的三眼峪沟、罗家峪沟。

（2）下游没有排导条件或排导过流能力严重不足

由于自然原因或人类活动挤占沟道，导致下游没有排导条件或排导过流能力严重不足，拓宽排导沟道将发生大量拆迁或征用土地。需要大量拦截泥沙，大大减小泥石流重度和流量。

（3）下游有重要的不可拆迁或无法避让的保护对象

下游泥石流危害区有重要的重大工程、重点保护文物、危害对象多、灾害后果严重的沟谷。

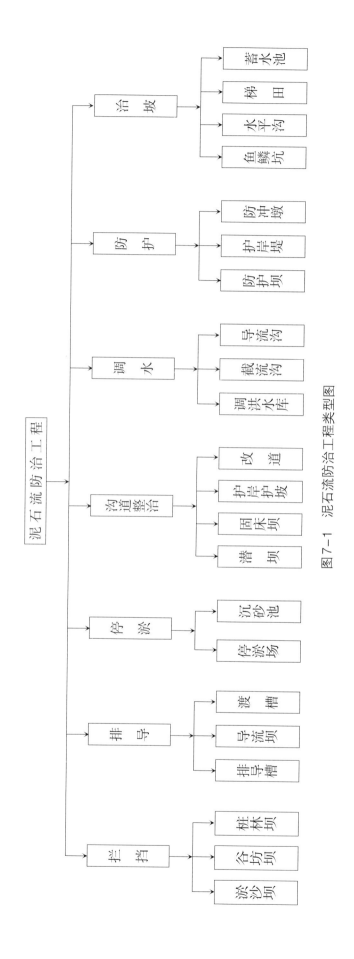

图7-1 泥石流防治工程类型图

2.以排为主方案的适用条件

以排为主的方案是在流域内基本不设置拦固工程，主要在下游设置排导工程或在需要保护的地段设置排导或护堤工程，达到保护受灾对象的目的。其适用于如下条件：

（1）具备排导条件

泥石流规模不大，通过计算排导工程能够满足泥石流过流能力。

（2）保护对象零散

主沟道相对宽阔，沿沟保护对象零散分布，通过排导或护堤工程可以达到防灾减灾目的。

（3）流域面积大、松散物源量大

对于流域面积大、松散物源多、单位面积松散物质储量大的沟谷，拦固成本高，拦挡工程在短期内将淤满失效，拦固效果差。

3.拦排结合方案的适用条件

拦排结合的方案是拦排并用，对于主要的物源施以少量的拦固工程，在下游设置排导工程或在需要保护的地段设置排导工程或护堤工程。其适用于如下条件：

（1）下游排导工程过流能力不足

下游虽有排导条件，但排导过流能力不足，加大排导断面存在拆迁的社会或经济比不合理等问题，需要适量拦挡以减小泥石流重度和流量。

（2）流域面积小、物源相对较少

对于此类沟谷，尽管通过排导完全可以达到保护受灾体的目的，但通过实施少量拦固工程，可以化泥石流沟为非泥石流沟，达到长久治理的目的。

（3）部分物源相对集中，局部拦固效果良好

对于此类沟谷，尽管通过排导工程完全可以达到保护受灾体的目的，但通过对部分相对集中的物源，实施少量拦固工程，可以达到良好的拦固效果，大大减小排导工程断面。

4.清污分流方案（截引水工程）的适用条件

清污分流方案是在主要物源补给区外设置截引水明渠、隧道等截引水工程，减小坡面水土流失或松散固体物源启动，达到治理泥石流的目的。其适用于如下条件：

（1）流域面积相对较小

由于在山坡上实施截引水工程施工难度大，工程容易被淤塞或损坏，再加上对环境破坏相对较严重，所以截引水明渠工程一般不宜太长，这就要求流域面积相对较小。

（2）汇水区和物源区界限相对明显，坡面坡度相对平缓

便于选择截引水工程位置，便于施工，便于达到清污分离的目的。

（3）坡面局部重点物源区

对于山坡上高挂的滑坡，在暴雨期受雨水影响会直接参与泥石流补给的滑坡，可以

采用类似于滑坡治理的截排水措施，使水土分离。

（4）人工弃渣堵断沟道

像尾矿库和沟道中下游削山造地，填平或堵断沟道，可以采用截流坝和引水明渠或隧洞将上游来水截引到下游或邻近沟谷中。

5.综合治理方案的适用条件

综合治理方案除常用的工程措施外，主要采用生物措施或农业措施恢复流域生态环境，减小水土流失，治理泥石流。其适用于如下条件：

（1）自然保护区恢复生态环境

自然保护区一些泥石流沟谷造成生态环境破坏，影响保护区的其他功能，则需要对泥石流进行综合治理，以恢复生态环境。如："5·12"汶川大地震灾后恢复重建中，林业部门在自然保护区规划和实施了一批泥石流治理项目，其目的不是直接保护人民生命财产安全，而是恢复被地震破坏加剧泥石流沟谷流域的生态环境。

（2）旅游景观区环境协调

旅游景观区的一些泥石流沟谷，不仅威胁旅游设施和游客的生命财产安全，而且与景观区极为不协调，也可以采取综合治理方案达到治理泥石流和恢复生态环境的目的。

（3）小流域治理发展农业

对小流域采取淤地坝、坡改梯、种草种树等综合措施，减小水土流失、保水保肥，达到发展农业、改善耕作条件和治理泥石流的综合目的。

二、治理工程选址或布设

治理工程选址的好坏，关系到治理效果、治理费用等一系列问题，所以工程选址也是泥石流勘查的重要任务之一。

1.拦沙坝工程选址

拦沙坝工程选址主要考虑以下几方面的因素。

（1）就近选址

尽量将拦沙坝选择在需要拦截的物源区附近，达到就地拦截的目的，以免给下游排导和拦挡造成治理压力。

（2）库容和筑坝工程量

尽可能将拦沙坝选择在沟道顺直、沟床纵坡较缓、沟谷对称、坝址处沟谷狭窄而上游开阔的口小肚大地段，利于增大库容，不仅拦截效果好，而且也更为经济。

（3）工程地质条件

坝址附近应无大断裂通过，坝址两岸山坡稳定，坝肩部位没有冲沟，沟床有基岩出露或埋深较浅，坝基和坝肩为基岩或密实的沉积物，以免坝体不稳和坝基、坝肩开挖弃土弃渣量过大。

（4）施工条件

尽可能选择在交通便利或易于修建施工便道、附近有开阔的施工场地地段。

2. 固沟坝工程选址

固沟坝是通过抬高沟床和减缓纵比降，达到稳固岸坡或沟道堆积物的目的，一般多为谷坊坝或低坝。选址较为简单，主要是考虑就近问题，一般多在需要防护段设置梯级坝。

3. 回淤反压坝工程选址

回淤反压坝多用于沟岸滑坡地段，其目的是通过回淤削减沟谷洪水或泥石流对滑体坡脚的冲刷和侧蚀并借助淤积物反压滑坡坡脚，提高滑坡的稳定性。

（1）单一坝选址

选择在下游侧滑坡体外附近，拦挡坝不受滑坡影响，利于坝体稳定且坝基、坝肩开挖工程量相对较小。

（2）梯级坝选址

由于沟岸的岸坡高度或其他原因，前述的单一坝体高度有限，可能使回淤反压范围和反压高度及反压量有限，致使滑坡的稳定性提高受限，此时可以采用二级坝乃至多级坝，但需要加强坝体的结构设计。其他坝址只能选择在滑坡体内，但应选择在滑坡的分块或次级滑坡的交界地段，或选择在滑体相对完整地段。

4. 护岸工程选址

护岸工程多用于防护因沟谷洪水或泥石流冲刷、侧蚀导致崩塌堆积体、滑坡堆积体、岸坡不稳定、岸坡坡脚弃渣堆积体失稳参与泥石流活动地段，所以护岸工程只能选择在上述地段，但必须满足以下两个条件：

（1）护岸工程修建后，沟道满足泥石流的过流能力；

（2）护岸工程在坡体各种力的作用下能够保持稳定，即不仅能够抵挡住滑坡、崩塌、塌岸的推力，而且能够抵挡住落石、崩塌等的冲击，否则不仅易于损坏，而且损坏后更容易堵塞沟道。

5. 排导工程选址

排导工程的目的是束缚住泥石流并将其排送到安全地带，保护沿岸的人民生命财产安全。其选址应考虑以下几方面因素：

（1）确实有必要的保护对象地段

排导工程的目的不仅是束缚住泥石流，更重要的是保护沿岸人民生命财产，所以一定要布设在需要保护的地段。

（2）基本沿原沟道布设

沿原沟道布设，小弯取直、大弯顺势，既不改变洪流原有的自然规律，又可以避免大量拆迁征地。

（3）进口保证泥石流归入排导沟槽

进口尽量选择在两岸岸坡高低变换处，或通过倒"八"字进口，将泥石流归入排导沟槽中。

（4）出口尽量避免与主河道正交

出口尽可能选择向主河下游偏离并以锐角相交，避免泥石流堵塞主河。

6.截引水工程选址

清污分流的主导工程是截引水工程，对不同的松散固体物源有不同的选择。

（1）坡面侵蚀物源截引水工程选址

尽可能选择在清水汇集区和坡面侵蚀区的交汇地带，同时考虑坡面平缓地带，一般多在植被相对茂盛区的下方。

（2）大型滑坡等重点物源区截引水工程选址

选择在滑坡外围附近地层相对完整、稳定，地形相对平缓地带，以利于最大限度地截引滑坡外围来水并利于施工和保持截排水渠稳定。

（3）堵塞沟道的人工弃渣截引水工程选址

截流坝选择在弃渣体上游附近适宜建坝地段，截流明渠可以沿两岸山坡弃渣体上方附近布设，截流隧洞布设则需要考虑隧洞的长短、工程地质条件等综合确定。

7.停淤场工程选址

停淤场是根据泥石流运动堆积特点，利用天然有利地形，将泥石流引入选定的宽阔滩地或跨流域低地，使其自然减速后淤积；或者修建拦蓄工程，迫使其停淤的工程设施。

停淤场主要分为三类：

第一类为侧向停淤场，也叫沟道停淤场，这种停淤场一般设在沟道较宽、纵向坡度较缓的垄岗或宽谷一侧山麓，停淤原理是，根据泥石流前进方向形成半包围结构，将泥石流阻挡在预定场地内。

第二类为正向停淤场，一般设在泥石流堆积扇的扇腰处，垂直于流向，所以也叫堆积扇停淤场，这种停淤场的功能是保护处于泥石流正前方的受危害对象。

第三类为凹地停淤场，一般设在泥石流扇形两侧凹地的地方。

停淤场主要选择在以下地段：

（1）出山口内外附近

主沟内距离出山口太远设停淤场清淤距离太远，不如设拦沙坝；出山口后距离太远接近主河已经没有必要，所以应选择在出山口附近。

（2）场地相对开阔平坦地段

相对平坦地段泥石流流速低，便于停淤和水石快速分离；相对开阔既是为了增加库容，也便于施工和清淤。

（3）交通便利地段

交通便利或便于修建道路是为了方便清淤。

第二节　工程地质条件勘查要点

各类治理工程的勘查包括平面、剖面工程测量和工程地质测绘、工程地质勘探和试验等内容。

一、拦挡工程的工程地质勘查

1.拦挡工程平面工程地质测绘

（1）工程测量

测量比例尺：以1∶100至1∶500为宜，可依据流域形态和工程范围调整。

测量范围：为了充分反映地质环境条件和施工条件，给设计人员、决策人员、施工人员提供地质依据，测量范围拦沙坝以坝轴线为中心，上游至少到回淤段，下游延至副坝以下20 m，两岸延至分水岭；固沟坝和反压坝上游至少延至需要固沟和反压体上游侧，两岸延至分水岭。

测量内容：除地形要素外，主要有各种道路、土地类型、建构筑物、重要标志等。

（2）工程地质测绘

勾绘地形地貌界线、地层岩性界线、地质构造线，沟道流水线、地下水露头点，滑坡、崩塌、其他松散物源范围等。可采用填图的方式，以实测的大比例尺地形图为底图，用手持GPS定点定线；也可以测量时对重要的界限一并定点定线。

2.拦挡工程剖面工程地质测绘和勘查

拦挡工程的剖面线包括主坝剖面、副坝剖面、沟道纵剖面、翼墙和护肩墙剖面等。

（1）工程测量

测量比例尺以1∶100至1∶200为宜，可依据沟道形态和宽窄调整。测量范围沟道纵断面与平面测量范围一致；其他剖面原则上延至两岸分水岭，若剖面太长，至少延过坝顶以上第一个缓坡平台或地层岩性变点处。

（2）工程地质测绘

剖面图上标出地形线、勘探点位置和深度，地形地貌界线、地层岩性界线、断层或主控结构面及其产状，地表水或地下水水位线，各类不良地质界线等。地面界限点采用实测法，测量剖面线时一并定点定线；地下界限利用勘探资料确定。

3.拦挡工程的工程地质勘探和工程地质试验

（1）拦挡工程的工程地质勘探一般采用钻探和井探、槽探相结合的方法。

（2）主坝坝基勘查采用钻探和井探结合的方法，一般主剖面线上布设2～3个勘探点，其中至少应有1个钻孔，深度进入坝基基岩2～3 m；其他探井应进入拟选持力层2～3 m。坝肩采用井探和槽探结合的方法，一般左、右坝肩至少应有1～2个勘探点；坝肩若为基岩，勘探点深度应揭穿强风化层，坝肩若为土体，勘探点深度应不小于3 m。

（3）勘探工程应按照相关规范和技术要求进行工程地质编录，尤其是对地下水位和基岩坝肩的控滑性结构面应进行详细测量和编录。

（4）工程地质试验包括岩土体物理力学和腐蚀性试验，可分为原位测试和室内实验。对于碎石土坝基和坝肩，应进行原位动探测试和室内颗粒分析及腐蚀性实验；对于基岩坝基和坝肩，应进行室内物理力学试验；对于均质的黏性土、粉质土坝肩应进行室内物理力学和腐蚀性实验；对于沟道的地表水和地下水应进行腐蚀性实验。试验数量依照相关规范、结合实际确定，但力学指标应满足数理统计的要求。

4.拦挡工程勘查成果资料

对每个拦挡坝的勘查资料应整理成册，包括勘查平面图、剖面图、柱状图、试验资料和拦挡工程的工程地质条件综合表。在适宜性评价和建议中，要明确提出构筑物持力层（含坝肩）的选择、埋深及地基处理方法建议。

二、排导工程和护岸工程的工程地质勘查

1.排导工程和护岸工程平面工程地质测绘

（1）工程测量

测量比例尺：以1∶100至1∶1000为宜，可依据排导工程长度调整。

测量范围：上、下游向排导工程起止点外延50 m或下游延至主河主流线，两岸延至主要的保护对象范围。

测量内容：除地形要素外，主要有各种道路、土地类型、建构筑物、重要标志等，尤其是现代主沟槽和现有排导工程。

表7-1　拦挡坝的工程地质条件综合表

拦挡坝编号	左坝肩	坝基	右坝肩	水土腐蚀性评价	照片	主剖面图	备注
1#坝	岸坡地形特征和稳定性：	沟道地形特征：	岸坡地形特征和稳定性：				适宜性评价：
	地层岩性和承载力：	地层岩性和承载力：水文、地下水特征：	地层岩性和承载力：				
	主要建议：	主要建议：	主要建议：	主要建议：			主要建议：
...							

（2）工程地质测绘

勾绘地形地貌界线、地层岩性界线、沟道流水线，现有排导工程的起止点、类型，各种道路的宽度、结构等，尤其是跨沟道路，主要建（构）筑物距离沟道的距离、高差等，沟道内的树木等。多采用测量时实测定点定线的方式，也可以采用填图的方式，以实测的大比例尺地形图为底图，用手持GPS定点定线。

2. 排导工程和护岸工程剖面工程地质测绘和勘查

排导工程的剖面线包括沟道纵剖面和典型的横剖面等，典型的横剖面要依据沟道宽窄的变化、沟道淤积的变化和距离两岸建（构）筑物距离的变化综合确定，其原则是要能够准确计算基础开挖、清淤、堤外回填、拆迁征地等工程量。

（1）工程测量

沟道纵断面测量比例尺：以 1∶100 至 1∶500 为宜，可依据排导工程的长度调整；测量范围与平面测量范围一致。

沟道横剖面测量比例尺：以 1∶50 至 1∶200 为宜，可依据沟道形态和宽窄及两岸建（构）筑物的距离调整；测量范围为两岸延至主要的保护对象。

（2）工程地质测绘

排导工程剖面图上标出地形线、勘探点位置和深度，地形地貌界线、地层岩性界线，地表水或地下水水位线等。滑塌或弃渣的护岸工程剖面图上尚应标出滑塌或弃渣的范围界线。地面界限点采用实测法，测量剖面线时一并定点定线；地下界限利用勘探资料确定。

3. 排导工程和护岸工程的工程地质勘探和工程地质试验

（1）排导工程的工程地质勘探一般采用钻探或井探方法。

（2）每条横剖面线上布设1～2个勘探点，深度应进入基础埋深以下2～3 m。

（3）勘探工程应按照相关规范和技术要求进行工程地质编录，尤其是对地下水水位和软弱夹层应进行详细测量和编录。

（4）工程地质试验包括岩土体物理力学和腐蚀性试验，可分为原位测试和室内实验。对于碎石土地基土，应进行原位动探测试和室内颗粒分析及腐蚀性实验；对于均质的黏性土、粉质土应进行室内物理力学和腐蚀性实验；对于沟道的地表水和地下水应进行腐蚀性实验。试验数量依照相关规范、结合实际确定，但力学指标应满足数理统计的要求。

4. 排导工程和护岸工程的工程地质勘查成果资料

排导工程和护岸工程的勘查资料应整理成册，包括勘查平面图、剖面图、柱状图、试验资料和排导工程、护岸工程的工程地质条件综合表。

表7-2 排导工程、护岸工程的工程地质条件综合表

里程桩号	左岸	沟道	右岸	水土腐蚀评价	照片	剖面图	备注
	地形特征：	地形特征：	地形特征：				
	地层岩性：	地层岩性：	地层岩性：				
	地下水位：	地下水位：	地下水位：				
	主要建议：	主要建议：	主要建议：				
...							

三、截引水渠（隧道）工程地质勘查

1.截引水工程平面工程地质测绘

（1）工程测量

测量比例尺：以1：100至1：500为宜，可依据流域形态和截引范围调整。

测量范围：以截引水渠为轴线，两侧延至能够反映地质环境条件或植被、土壤、弃渣等变化的一定范围，两端点延至能够反映截引水源和排出通道。

测量内容：除地形要素外，主要有各种道路、植被、土地类型、物源范围等。

（2）工程地质测绘

勾绘地形地貌界线、地层岩性界线、地质构造线，沟道流水线、地下水露头点，植被发育程度分界线、滑坡、崩塌、坡面侵蚀、其他松散物源范围等。可采用填图的方式，以实测的大比例尺地形图为底图，用手持GPS定点定线；也可以测量时对重要的界限一并定点定线。

2.截引水工程剖面工程地质测绘和勘查

截引水工程的剖面线包括纵剖面和典型的横剖面等，典型的横剖面要依据坡面坡度的变化、地层岩性的变化、坡面植被发育程度的变化和松散物源类型的变化综合确定，其原则是要能够准确计算基础开挖、渠外回填、青苗赔偿、征地等工程量。

（1）工程测量

测量比例尺：以1：100至1：200为宜，可依据地形高差和截引水渠长度调整。

测量范围：纵断面与平面测量范围一致；横剖面要能够反映上述相关的变化。

（2）工程地质测绘

剖面图上标出地形线、勘探点位置和深度，地形地貌界线、地层岩性界线、断层或主控结构面及其产状，植被发育程度分界线、松散物源类型界线、土地类型界线等。地面界限点采用实测法，测量剖面线时一并定点定线；地下界限利用勘探资料确定。

3.截引水工程的工程地质勘探和工程地质试验

（1）截引水渠的工程地质勘探一般采用井探、槽探相结合的方法；截引水隧道的工

程地质勘探一般采用物探和钻探相结合的方法。

（2）每条横剖面线上布设1～2个勘探点，深度应进入基础埋深以下2～3 m。

（3）勘探工程应按照相关规范和技术要求进行工程地质编录。

（4）工程地质试验包括颗粒分析及腐蚀性实验。

（5）截引水隧道的勘查和试验依据相关规范要求进行。

四、停淤场的工程地质勘查

1.停淤场平面工程地质测绘

（1）工程测量

测量比例尺：以1∶100至1∶500为宜，可依据地形高差和范围大小调整。

测量范围：以停淤场为中心，上游延至能够反映泥石流的来路，至少到出山口；下游延至泥石流停淤后洪水排向的沟槽；两侧外延至能够反映土地类型或植被的变化，至少外延50 m。

测量内容：除地形要素外，主要有现代沟槽特征、各种道路、土地类型、植被发育程度、建构筑物、重要标志等。

（2）工程地质测绘

勾绘地形地貌界线、地层岩性界线，沟槽形态、沟道流水线，土地类型界线、植被发育程度界线、道路情况等。可采用填图的方式，以实测的大比例尺地形图为底图，用手持GPS定点定线；也可以测量时对重要的界限一并定点定线。

2.停淤场剖面工程地质测绘和勘查

停淤场的剖面线包括停淤场纵横向剖面、停淤坝轴线剖面、两侧围堤剖面、导流工程剖面等。

（1）工程测量

测量比例尺：以1∶100至1∶200为宜，可依据停淤场面积大小调整。

测量范围：与平面测量范围一致。

（2）工程地质测绘

剖面图上标出地形线、勘探点位置和深度，地形地貌界线、地层岩性界线、地表水或地下水水位线等。地面界限点采用实测法，测量剖面线时一并定点定线；地下界限利用勘探资料确定。

3.停淤场的工程地质勘探和工程地质试验

与拦挡工程和排导工程的勘探和试验基本一致。

第三节　施工条件和建筑材料勘查要点

施工条件和建筑材料勘查要点包括：交通条件；施工用水用电和通信条件；青苗补偿和征地拆迁条件；主要建筑材料条件等。

此部分在勘查中往往被忽视，其结果是导致工程落地难、落地后变更多、给项目的管理和施工造成困难，应引起勘查单位和勘查人员高度重视。

一、交通条件

包括外部交通条件和内部交通条件两部分，重点是内部交通条件。

1.外部交通条件

外部交通条件应查明：工程区对外主要有哪些道路和道路级别；可通行哪种车辆；与周边主要城镇的距离等。

2.内部交通条件

内部交通条件应查明：外部可用交通道路与各工程点的距离；工程区内部有无可通行的道路，如有，应查明级别及可通行的交通工具；是否需要修建临时施工道路，如果需要，应查明可修建的最佳位置及修建道路的级别与可能的工程量、难易程度等。

二、施工用水用电和通信条件

包括施工和生活用水用电及通信条件等。

1.施工和生活用水条件

应查明施工和生活用水的水源、水量、水质，距离各工程点的距离，最佳取水方式等，并进行相应的评价。

2.施工和生活用电条件

应查明施工和生活用电的电源、电压、供电能力，距离各工程点的距离，需要的可能架设方式等，并进行相应的评价。

3.通信条件

应查明工程区和各工程点的对外无线和有线通信条件。

三、青苗补偿和征地拆迁条件

1.青苗补偿条件

应查明工程施工需要补偿的各类青苗和树木的种类、数量、质量、补偿标准、征用的难易程度等，并列表进行统计。

2.征地条件

应查明工程施工需要临时占用和永久占用的土地类型、土地数量、当地的补偿标准、征地的难易程度等，并列表进行统计。

3.拆迁条件

应查明工程施工需要临时拆迁和拆迁避让的建（构）筑物类型、数量、当地的拆迁补偿标准、被拆迁户的意愿等，并列表进行统计。

四、主要建筑材料条件

对工程施工可能需要的砂石、块石、水泥、钢材等主要建筑材料，应查明其购买地、距离与运输方式、数量、质量、购买价、运费等。

第四编
甘肃省泥石流的分布、发育特征与治理成效

第一章　甘肃省地质灾害现状与分布特点

第一节　泥石流地质灾害现状

甘肃省位于青藏高原、黄土高原、内蒙古高原的交汇地带，地质环境条件复杂，具有泥石流分布范围广泛、发生频繁、危害严重等特点，是全国泥石流灾害最为严重的四大省份之一。

据史料记载，从汉成帝建始三年（公元前30年）有泥石流灾害发生记录以来至1949年的1979年间发生的有记录的泥石流灾害共240起。1949年至1999年的50年间，甘肃省共发生泥石流灾害269起。重大泥石流灾害有：1951年8月14日兰州东岗镇大洪沟发生的泥石流灾害，死亡50人，直接经济损失300万元；1958年7月14日宁县西沟、东沟、常乐沟发生的泥石流灾害，死亡84人、牲畜90头，直接经济损失500多万元；1964年7月20日兰州西固区洪水沟、元托帽沟、脑地沟、深沟发生的泥石流灾害，死亡200多人，直接经济损失1000万元；1966年8月8日兰州市盐场堡枣树沟、石门沟、小沟发生的泥石流灾害，死亡134人，淹没房屋建筑、毁坏铁路，直接经济损失1000多万元；1973年4月27日庄浪县文家沟发生的泥石流灾害，死亡800多人，毁坏房屋4000多间，淹没农田666.67公顷，水利设施毁坏严重，直接经济损失2000多万元；1976年7月25日宕昌县化马乡化马沟、鲁家沟发生的泥石流灾害，死亡61人，毁坏房屋708间，堵塞白龙江，冲毁公路15千米，直接经济损失1000万元；1981年8月1日两当县县城发生的泥石流灾害，死亡61人，毁损房屋1488间，冲毁公路5千米，直接经济损失2000万元；1982年文县城关发生的泥石流灾害，死亡29人，毁损房屋100多间，直接经济损失260万元；1984年7月24日礼县金玲沟发生的泥石流灾害，死亡30人，毁损房屋2000多间，直接经济损失531万元；1984年8月3日陇南市西和县石峡镇和武都区甘家沟发生的泥石流灾害，致使西和县死亡60人，毁损房屋1036间，直接经济损失300万元；武都区中断公路15天，淹没农田66.67公顷，直接经济损失1000万元；1985年8月12日天水武山县发生的泥石流灾害，死亡91人，冲断陇海铁路，直接经济损失500万元；1988年7月25日，庆城县14个乡发生的泥石流灾害，死亡54人，冲毁公路220千米，淤埋农田2000公顷，直接经济损失3000万元；1990年8月12日天水罗王沟发生的泥石流灾害，死亡200多人，冲毁房屋300多间，直接经济损失1000多万元。

自2000年以来，全省共发生泥石流灾害2657起，造成3715人死亡，直接经济损失228.7亿元。特别是2010年—2013年期间先后发生了舟曲特大泥石流、岷县泥石流等重大地质灾害，地质灾害造成1908人死亡，占全国同期因地质灾害死亡人数的50.1%。其中，仅2010年8月8日舟曲特大泥石流灾害就造成1504人死亡，264人失踪，直接经济损失几十亿元，是新中国成立以来发生的最大泥石流灾害；2012年5月8日岷县泥石流灾害造成47人死亡，12人失踪，132人受伤，损毁房屋19445间，淤埋耕地7106公顷，造成直接经济损失达几十亿元。

截至2013年12月底，甘肃省经调查确认的有危害的泥石流沟有3591条。这些泥石流灾害及其隐患点威胁甘肃省12个市州、30个县（市区）、165个乡（镇），威胁人口85.12万人，威胁财产273亿元。甘肃省平均每年因灾害性泥石流死亡44人，大牲畜损失130头，房屋毁损689间，淤埋农田2450亩，冲毁道路、桥梁，经济损失1415万元。因泥石流造成的伤亡人员主要分布于甘肃省的陇南、庆阳、天水、兰州、定西、甘南等市州。

第二节　甘肃省泥石流分布特征

甘肃省泥石流的分布密度和暴发频率受地质、地形条件和降水分布的制约，有着由南向北递减的趋势，从东到西大致分为陇南山区和渭河中游谷地泥石流密集区；黄土高原泾河上游和黄河谷地泥石流较密集区；河西走廊泥石流稀疏区。

一、陇南山区和渭河中游泥石流密集区

陇南山区是我国泥石流最发育的地区之一。这里常发生泥石流的面积达1.17万km^2，占总土地面积的30%，有泥石流沟6020条，仅白龙江和西汉水的中上游区就有5700多条，是甘肃省内泥石流分布密度最大、暴发频率高的地区。陇南山区泥石流主要分布于白龙江沿岸，在其支流三河、岷江、羊汤河及白水江流域也广泛发育，成片分布，多以黏性泥石流为主。尤其在舟曲县以下沿大断裂带的白龙江中游两岸泥石流最为发育，如舟曲至临江之间长200多千米的沿江两岸发育有1000多条泥石流，平均每千米长度内就有5条泥石流沟，且大小沟谷无不暴发泥石流。其中泥石流规模大、危害严重的有500条。2010年8月8日甘肃省舟曲县特大暴雨，引发的县城三眼峪沟、罗家峪沟、寨子沟、锁儿头沟特大泥石流灾害，灾情触目惊心。还有陇南市的武都城区汉江两岸，有着甘家沟、燕湾沟、硝沟、郭家沟、灰崖子沟麻渣沟等46条泥石流沟。如1984年8月3日发生的武都区甘家沟黏性泥石流灾害，中断公路15天，淹没农田66.67 hm^2，直接经济

损失约1000万元。西汉水中游的成县苇子沟、礼县金玲沟等也都发生过较大规模、危害严重的泥石流灾害。岷江一级支流沿线的宕昌水沟、化马沟、石坳子沟、鲁家沟、中牌沟等20世纪70年代多次发生严重的泥石流灾害。

渭河中游谷地的秦安、庄浪、天水、静宁等县也是黏性泥石流和泥流高发区，分布密度仅次于白龙江流域。这些县（市、区）的泥石流主要沿渭河支流葫芦河、牛头河沿岸分布。天水市的罗王沟，清水县的瓜瓜沟、大沟，秦安县的窑儿湾沟、鱼尾沟、堡子沟、王家沟、深沟、店子沟，庄浪县的文家沟、石板沟、青龙沟等，在20世纪70年代多次发生较大规模的泥石流灾害。其中，1973年4月27日庄浪县文家沟泥石流灾害，死亡800多人、牲畜2600多头，毁损房屋4000多间，淹没农田666.67公顷，水利设施遭受严重破坏，直接经济损失2000多万元。

二、黄土高原泾河上游和黄河谷地泥石流较密集区

黄土高原大部分属黄河水系。黄土高原泥石流一般集中在黄河兰州段、渭河谷地及其渭北支流、泾河干流以北各支流。

泾河上游区位于陇东黄土高原，主要包括泾河干流流域、蒲河流域、茹水河流域及环江上游流域，其中以镇原县和环县为代表。这里的泥石流形成的主要物源由黄土坡面侵蚀和重力堆积物供给，因为这些区域大部分缺乏块石、碎石等物源，所以多以泥流为主，在局部深切沟道段也有泥石流发生。发生过较大规模泥石流灾害的主要沟谷有宁县的常家沟、东沟、西沟、烂泥沟，华池县的小西沟、火烟沟、武家沟，合水县的辛家沟、虎山沟、吕家沟，庆城县的滴水沟、南小河沟，镇原县的黄家湾沟、包庄沟、安家湾沟、郝圪沟，平凉市的寨子沟、田家沟、纸坊沟、窦家沟，崇信县的三花沟等。其中，1988年7月25日庆城县强降雨引发的泥石流灾害，死亡54人，冲毁公路220 km，毁损房屋53间，淤埋农田2000公顷，直接经济损失约2000万元。

黄河谷地包括兰州市及黄河支流的祖厉河流域的会宁、定西和靖远南部地区，其泥石流危害和规模以兰州市为甚。兰州市地处黄河谷地，南北两山山势陡峭，沟谷密集，植被稀疏，土体疏松，每逢大雨就会暴发泥石流，对兰州市区的工农业生产和人民生命财产造成很大威胁。兰州市区共有泥石流沟94条。根据泥石流的规模及其危害程度，将兰州市泥石流危害区划分为四个严重危害区、两个较严重危害区和一个一般危害区。包括：黄河南岸的城关桃树坪—五泉山一带泥石流严重危害区；西固的洪水沟、大小金沟、寺儿沟及宣家沟一带黏性泥石流严重危害区；七里河崔家崖稀性泥石流较严重危害区；黄河北岸的盐场堡—庙滩子泥石流严重危害区；徐家湾—十里店水石流严重危害区；十里店—沙井驿稀性泥石流、泥流较严重危害区和岸门村以西、大沙坪以东泥石流一般危害区。兰州市发生灾情严重的泥石流沟有：城关区的大洪沟、老狼沟、红沟、鱼儿沟、西洼沟、石门沟、小沟、烂泥沟、罗锅沟、单家沟等，七里河区的三岔沟、黄峪

沟、岗沟等；安宁区的马槽沟、关山沟、里程沟、枣树沟、深沟、碱水沟、李黄沟、大清沟、蚂蚁沟、楼梯沟等；西固区的寺儿沟、小里沟、洪水沟、元托帽沟、脑地沟、深沟等。

三、河西山地稀性泥石流分布区

河西走廊南部的祁连山北坡和北部的龙首山、合黎山南坡的前山和山麓地带发育有小规模的稀性泥石流。其发生频率与暴雨的发生关系甚为密切。规模较大的泥石流分布在古浪县的大靖，临泽县的板桥，酒泉市的洪水河和马营河流域等暴雨集中的区域。其他区域泥石流很少。

综上，甘肃省泥石流主要分布于黄河以东和以南。泥石流分布有以下特征：

1.泥石流分布密度的总趋势由南向北递减。因受植被、固体物质补给和地形等因素的影响，泥石流分布中部多，东、西部少，表现出与降水量分布不相适应的情况。

2.甘肃省泥石流数量多，发生频率高，危害严重的有四个区域：

（1）白龙江中下游区

包括陇南市武都区、舟曲县东部、宕昌县南部和文县北部山区，为泥石流连续分布区。

（2）渭河中上游区

包括秦安、庄浪、天水、静宁等市县，以及渭源县北部和清水县南部，为泥流和泥石流块状分布区。

（3）泾河上游区

蒲河、茹水河流域及环江上游流域，以镇原县和环县为中心的泥流块状分布区。

（4）黄河河谷地区

以兰州为中心的泥流和泥石流分布区。

第二章　甘肃省泥石流发育的自然环境

泥石流的形成是在一定的地质、地貌和气候、水文等自然环境因素相互配合下发生的。近年来，人类工程活动的影响也诱发和加剧了泥石流的发生、发展。

第一节　气候环境与降水

一、甘肃省的气候特征

甘肃省的气候条件十分复杂。亚热带季风带、暖温带季风带、温带干旱带、高寒山地垂直气候带均有分布。甘肃省处于东南季风控制之下，东南季风的进退，不仅导致区域性气候变化，同时制约着泥石流的空间分布和活动。据甘肃省气象局的研究，甘肃省内大范围集中降水，常出现在西风环流退出本省，副热带高压向北推进，夏季季风强盛的时段。当副高后期的暖空气带来的较多水汽与从西北入侵的冷空气相遇时，由于辐合作用强，常导致本省东部发生暴雨引起的泥石流。在季风影响范围内，泥石流发生的时间与夏季季风起讫时间一致，多发生在六、七、八月，约占全年泥石流发生次数的90%以上。

甘肃省各地的降水量分布表现为从高海拔到低海拔、从高纬度向低纬度递增。泥石流也表现为甘肃省中部和南部发育，而河西走廊不发育。甘肃省年降水量大于500 mm的面积占全省总面积的36%，而这些区域存在的泥石流占全省的95%。

二、降水量对泥石流的控制作用

暴雨泥石流与当地的年、季、月降水量，一日最大降水量，60分钟、30分钟、10分钟雨强有密切的联系。表2-1所列为甘肃省部分地区短历时最大降雨值。形成泥石流所需的最小降雨强度为形成泥石流雨强。甘肃省形成泥石流雨强自东南向西北逐渐增大：陇南地区为15～20 mm/h；平凉、庆阳地区为20～30 mm/h；天水地区约为25 mm/h；定西、兰州地区为25～30 mm/h；河西地区为30～40 mm/h。小流域泥石流一般受短时段雨强所控制，如陇南市的武都区小流域泥石流，当10分钟降雨达8～10 mm就必然暴发泥石流。

表2-1 甘肃省部分地区短历时最大降雨量表（单位：mm）

地区	5分钟	10分钟	15分钟	30分钟	45分钟	60分钟	一日
景泰	9.1	26.5	27.1	32.5	34.2	34.4	57.1
白银	10.0	16.8	18.8	24.0	32.1	41.3	82.2
靖远	13.1	20.6	22.9	29.3	33.6	34.5	68.1
华家岭	8.2	13.5	16.0	30.9	34.8	40.1	98.9
临洮	12.2	25.6	29.2	39.0	43.8	48.0	143.8
陇西	7.0	14.1	19.0	34.3	46.4	50.7	76.9
临夏	11.0	20.5	28.7	38.8	45.4	49.4	82.1
环县	8.5	13.4	18.4	28.1	34.6	36.1	85.1
平凉	10.7	20.4	26.7	35.5	40.0	46.6	99.0
天水	10.0	20.3	25.6	28.6	29.8	40.6	113.0
礼县	13.7	24.2	31.4	38.2	41.1	52.4	116.3
徽县	9.0	16.7	21.6	36.4	43.0	47.6	138.2
康县	12.4	21.9	25.5	35.0	43.4	49.0	132.9
武都	9.0	15.7	20.6	31.8	38.5	40.1	78.4
文县	23.6	30.2	30.5	32.9	33.4	33.4	53.3
宕昌	—	20	—	—	—	44.0	73.5

在降雨历时超过1小时的情况下，陇南地区降雨强度超过25 mm/h，平凉、庆阳地区超过35 mm/h，兰州、天水地区超过40 mm/h，河西地区超过40 mm/h，在地形、物源条件等具备的情况下，往往可能发生泥石流地质灾害。

第二节　植被

甘肃省泥石流主要发育在中低山区和黄土高原沟谷区，与植被的发育密切相关。陇南、陇东等地的泥石流形成过程首先是植被的减少或消失，接着水土流失和沟谷下切加剧，当沟谷下切到一定程度后，沟岸崩塌、滑坡发生，松散物源堵塞沟道，强降雨形成的山洪携带着沟道丰富的物源产生泥石流。而当植被发育时，植被吸收了水分，阻止了坡面侵蚀，保护了山坡，抑制了泥石流的发育。

甘肃省干旱、半干旱地区面积占全省面积的75%，是全国水土流失、荒漠化最严重的地区之一。土壤侵蚀加剧的主要原因是过度砍伐森林、陡坡垦荒种植、过度放牧等。目前，甘肃省的森林覆盖率仅为0.9%，加上农田、草地的季节性覆盖，全省土地的植被覆盖率也只有23%，是全国植被状况较差的地区之一。

据史书记载，甘肃陇南秦岭山区一千多年前是个山清水秀的地方，可以说明当时没有泥石流的危害。明、清以来，随着气候的变化和人类工程活动的频繁，植被消失逐步扩大。泥石流发育随着植被消失的先后，经历了一个较长的时期，大致以白龙江下游主流两岸开始逐渐向中游和支流推进。目前，陇南市的武都区至舟曲县城间泥石流分布多，且大多处于旺盛期。如果植被面积继续缩小，泥石流的分布将有继续向上游扩大的可能。

第三节　地貌地形

甘肃省位于青藏高原东北缘及其与黄土高原交接的地形梯度带上，省内地貌构成复杂，其有利地形条件，决定了区域泥石流的多发性。

陇南山地位于甘肃省南部，包括陇南市全部及天水市、甘南州一小部分，地理范围为渭河以南，临潭、迭部一线以东的区域。境内山脉为秦岭西延部分，地势西高东低，地形起伏较大，相对高度为500～1500 m，西南部有许多高山峡谷。区内植被较少，岩石裸露，山坡坡度多 > 30°，沟床比降 > 40‰。

陇东黄土高原位于陇山（六盘山）以东泾河流域，包括庆阳市及平凉市六盘山以东各市（县）。地势由西北向东南缓慢倾斜下降，平均海拔1800～1200 m，地表黄土堆积厚度达100 m以上。地形以塬为主，塬、梁、峁与坪、川、沟等多级阶梯状地貌相间并存。泾河上游，支流较多，地面切割剧烈，多为破碎的峁状丘陵地貌；泾河中游（平凉以东，庆阳以南），地面分割减少，沟谷下切加深，一般深度为120～180 m，最深处达200 m，形成较多的梁峁台地地貌。这些梁峁台地间的沟谷，坡度≥20°，沟床比降≥30‰者较多。

陇西黄土高原包括兰州市、白银市、定西市、临夏回族自治州、天水市及平凉市六盘山以西的静宁、庄浪2县。本区域是我国黄土高原的最西部分，境内多黄土丘陵，大部分山梁峁、沟谷、盆地，为黄土覆盖，厚度几米至数十米不等，局部地区的黄土覆盖厚度超过200 m，植被较少，侵蚀切割强烈，致使沟谷纵横，地势高差150～250 m，沟谷坡度 > 20°，沟床比降 > 30‰。

甘南高原位于本省西南部，陇南山地以西，太子山、白石山以南，是青藏高原东缘的一隅。大部分海拔超过3000 m，地势西高东低，从东部的3500 m左右向西逐渐上升至4000 m。西南部的西倾山、阿尼玛卿山海拔4400 m以上。此区域虽整体海拔高，但只有小部分地区切割较深，大部分地区切割较轻，山丘坡度平缓，高差在300 m以内。

河西走廊位于本省黄河以西，因南有祁连山，北有龙首、合黎等山，居两山之间，地势平坦而狭长，形似走廊。其间分布有许多冲洪积倾斜平原和盆地。在河西走廊北部和西部有大面积沙漠、戈壁，地势较平坦。

根据中国科学院兰州冰川冻土研究所的研究成果，甘肃省泥石流形成所需的坡度和沟床比降为：基岩山区沟谷坡度30°～40°，黄土丘陵沟谷坡度20°～35°；沟床比降为：基岩山区20‰～30‰，黄土丘陵区≥10‰。因此，本省的陇南山地、陇东和陇西高原沟壑区为泥石流的高易发区。

第四节　地质背景

地质背景条件决定了泥石流发生的松散固体物质来源、组成、结构、补给方式等。固体物质类型主要为岩石风化物、崩滑塌重力堆积物、沟道冲洪积物等，其丰富程度受区域地质构造运动强弱、地形起伏和岩体性质等不同而表现出显著差异。

一、南部秦岭褶皱带泥石流发育

秦岭山脉在甘肃省境内部分属秦岭褶皱带的西段，虽隆起褶皱较早，但这种高山峻岭与河谷盆地相间的地貌形态，是在第三纪喜马拉雅运动的影响下才形成的。第四纪以来，继承性的新构造运动仍较活跃，地震强烈，从而使地质构造复杂，多褶皱、断裂，其岩石破碎，为泥石流发育提供了优越的自然环境。由于岩性和地形不同，秦岭南、北泥石流发育程度不同，南秦岭泥石流较北秦岭发育。南秦岭西段由迭山和岷山构成，高山峡谷相间，岩性软弱，小构造发育，岩石风化破碎层厚，补给泥石流的土石丰富。

二、中部断块带泥石流较发育

中部黄土高原，在地质构造上，其西与中段祁连山相连，其东有一部分与秦岭地轴衔接。除受西北—东南向断裂控制外，还受与此相垂直的断裂制约，其间沟壑纵横，黄土滑坡、崩塌较多，泥流较发育。山麓地带岩石坚硬，风化碎屑较多处，也发育一些水石流。

三、北部地块区泥石流较弱

北部阿拉善高原和走廊北山在震旦纪以前就形成坚硬基底，古生代至中生代虽有几次活动，但无较大规模的隆起和褶皱，迄今仍呈高平原形态，起伏不大，相对高差300～400 m。除走廊北山山麓地带的局部地区有小规模泥石流外，其他地区一般不具备发育泥石流的条件。

第三章 甘肃省泥石流防治成效

第一节 甘肃省泥石流防治成效

甘肃人民饱受泥石流灾害之苦，为了生存，长期以来与泥石流灾害进行了艰苦卓绝的斗争，积累了丰富的治理经验。据记载，省内最早的泥石流防治工程建于北宋时期，是为了抵御北峪河沟泥石流对阶州（现武都区）古城的严重危害，成功地开凿了卧龙岗，迫使河水向南流，此举不仅挽救了濒危的古阶州，而且经550年的淤积之后，形成了隆起于白龙江之上的广阔堆积扇，为后来武都的诞生造就了基地。

新中国成立以来，甘肃省的水利、交通、市政等部门对泥石流灾害的治理没有间断。进入20世纪90年代，在国家地质灾害专项治理经费的支持下，相继开展了危及城镇的泥石流综合治理。特别是"5·12"汶川地震后，甘肃陇南、天水等重灾区开展了一系列包括泥石流、滑坡、崩塌等次生地质灾害治理工程的震后恢复重建工程。

2010年第十一届全国人大一次会议确定国土资源部承担地质环境保护、地质灾害预防和治理责任，这使得地质灾害防治工作得到了进一步的加强。"十二五"期间，甘肃省统筹安排中央、地方财政资金和社会资金43.12万元，实施了258处包括泥石流在内的地质灾害治理工程，保护了120余万人的生命和财产安全；结合城镇化建设、易地扶贫搬迁、灾后恢复重建，先后实施了18914户75656人的地质灾害避险搬迁工程。已实施的治理工程，基本消除了安全隐患，并经受住了"7·22"岷县、漳县6.6级地震和中东部极端强降雨形成的泥石流的检验，治理工程防护区范围内再未发生人员伤亡和重大财产损毁现象，取得了显著的防灾减灾效益和良好的社会效益。

2014年甘肃省被确定为中央财政支持地质灾害综合防治体系建设首批重点省份，开始实施《甘肃省地质灾害综合防治体系建设工程》（以下简称《防治体系工程》）。根据《防治体系工程》要求，预计到2020年中央、省、市将投入资金近百亿元资金对全省稳定性差、危险性大，直接威胁城市、城镇、居民密集区或重要基础设施安全的369处险情大型、特大型，且不宜搬迁的地质灾害及其隐患实施工程治理，使受地质灾害威胁的159.08万人和560亿元财产得到保护。其中，规划泥石流防治工程197项，投入防治资金约37.96亿元。这些泥石流防治工程涉及兰州、陇南、天水、平凉、庆阳、定西等市（州）。防治体系工程的顺利实施，将有效遏制泥石流灾害的发生，并将改善和提升受威胁地区居民的人居环境。

第二节　甘肃省泥石流防治措施

泥石流防治措施有预防措施和治理措施两类。

对存在泥石流隐患的沟谷主要采取预防措施。预防措施主要通过国土、农业、林业、水利等部门的联动监管来实现。主要有：禁止在流域内滥垦滥伐，保护植被；对已经破坏的区域进行退耕还林还草；在沟谷山坡上工程活动应注意保持山坡的稳定性；在沟道开采砂石料和地下矿产时，要注意弃土、废石、废渣的科学合理处理，以免造成坍塌、滑坡及堵塞沟道。

对于已发生泥石流的沟谷，按其性质治理措施可分为生物治理和工程治理。生物治理是采用植树造林、种草和合理耕种等方式保证流域植被覆盖率的提升，以拦蓄降水，增加土壤入渗，保护表土免受侵蚀，延缓汇流过程，降低洪峰总量，从而降低泥石流的发生概率。

工程措施主要包括：防止工程、拦挡工程、排导工程。防止工程包括治水、治泥、水土隔离；拦挡工程包括拦挡坝、停淤场；排导工程包括排导槽、渡槽、明洞、隧道等。

泥石流防治工程类型虽然很多，但受多种条件的限制，甘肃省在泥石流防治工程实践中大量采用的主要有生物工程、排导工程和拦挡工程。

一、单一的生物措施

大量的实践经验告诉我们，生物措施对预防泥石流的发生和改善生态环境具有十分重要的作用。但对已经发生的泥石流沟谷，采取单一的生物措施很难达到预期的治理目的。这是因为：一是生物措施一般布设在山坡上，而泥石流发生在沟谷中；二是生物措施一般起不到稳定沟谷崩塌、滑坡，减缓沟床侵蚀下切的作用。近年来，在成县黄渚、天水娘娘坝等地发生的泥石流，也是在林木十分繁茂的沟谷，这说明生物措施的防灾能力是有限的。在一定降水条件下，生物措施能起到防治效果。一旦超过其限度，不仅起不到防灾效果，反而会因为大量树木的参与，加大泥石流的规模和危害程度。因此，生物措施一般要和其他措施配合使用。

二、单一的排导措施

排导措施是将泥石流引导到安全地带，防止危害对象遭受灾害损失的办法。显然，它仅仅是防灾措施，而不是治灾措施。它既不能减少固体物质的来源，也不能阻止水流与固体物质的相互作用。但只要有危害对象，不论是泥石流还是洪水，均要首先考虑排导措施，然后再根据其排导能力的大小，考虑其他措施。如果沟口地带比降大，沟道短，且有堆积泥沙物质的场所，在不考虑环境问题的前提下，可考虑采用单一的排导措施。如果沟口扇形地巨大，沟道长，淤积严重，说明排导措施不能满足排泄上游的泥沙来源的要求，故在千方百计提高排泄能力的情况下，应考虑在上游安排减少泥沙来源的"固沟稳坡"措施，使上游的来水来沙与下游的排导能力相适应。

排导措施在防止灾害发生的同时，亦有其不利的影响：一是将本该堆积于沟口的泥沙排泄到大河之中，扩大了泥沙的危害范围，加重了对生态环境的危害；二是泥沙堆积在沟口与排泄到大河相比，前者更容易使泥石流沟道"调平"，更有利于泥石流的停歇和消亡。而后者使这一"调平"过程更加艰难和漫长。这类似于公路沿线的滑坡发生后，为了保证道路的畅通，必须清理堆积在路面上的滑坡体一样，不利于滑坡的稳定。更有甚者，在修建排导槽的过程中，为了满足地面标高的要求，用下挖的方式开槽，有时会因侵蚀基准面的降低而加剧泥石流的发生或使已停歇的泥石流沟重新活动。

综上，单一的排导措施只适用于泥沙含量少、发生频率低的稀性泥石流沟，而且还要具备较大的沟床比降和较短的保护地段。这种情况一般只是在流域面积小，靠近沟口的公路上使用。

三、固沟稳坡工程措施

该类工程主要有：拦挡坝、固沟护岸（坡）工程、防沟床下切的防冲槛工程等。它们的主要作用是减少固体物质数量，改变泥沙参与洪流的方式。

拦挡坝是固沟稳坡的有效措施。它最突出的功能就是能稳定滑坡、崩塌等堆积体，使其不再参与泥石流活动。它的治灾原理是通过拦蓄泥沙，抬高沟床面，反压坡脚，拓宽沟床，调平沟床比降，进而降低水深和流速，减小洪流的侵蚀搬运能力，从而达到治理泥石流的目的。因此，拦挡坝主要用来稳定滑坡、崩塌等。它虽然也有固沟的功能，但固沟护岸坝的布设要与其他固沟工程进行技术经济对比分析后再定。拦挡坝的缺点是对原有沟床形态改变很大，会引起坝下游沟床的强烈调整，形成强烈的坝下冲刷和沟床侵蚀作用。

护岸（坡）墙和防冲槛主要适用于布设在泥石流是由沟床物质的侵蚀搬运形成的稀性泥石流或黏性泥石流的局部地段，主要防止沟岸坍塌和沟床下切，一般布置在沟床狭窄、沟床比降大、冲蚀作用强烈的地段。护岸工程的结构形式类似于排导槽的导流墙，不过它的高度和厚度不是按过流要求确定，而是按岸坡的高度和下滑力来确定，类似于挡土墙。

四、泥石流综合防治措施

泥石流综合防治措施主要有：生物措施加排导措施；生物措施加排导和固沟护岸防冲槛措施；生物措施加排导、拦挡措施。

生物措施加排导措施，主要适用于流域面积小，且沟口具有较高排泄能力的稀性泥石流沟。生物措施加排导和固沟护岸防冲槛措施，主要适用于流域面积较大，活动不太频繁的稀性泥石流沟。生物措施加排导、拦挡措施主要适用于有滑坡集中补给的黏性泥石流沟，其生物措施布置在清水汇流区，拦挡坝布设在形成区中滑坡体下游岸坡稳定段，固沟工程布设在流通区或形成区中冲蚀强烈的局部地段。

目前，部分泥石流沟已经由水保部门进行了植树造林，由水利或市政部门建设了排导工程。对于这种情况，首先要根据排导沟（槽）使用情况，考虑上游治理措施。若排导槽无淤积，说明排导槽基本满足排泄泥石流的要求，上游的治理除了生物措施外，可考虑一些局部的固沟工程。若排导槽淤积严重，则要加大上游的治理力度，应考虑安排拦挡工程及护岸固沟工程。一般情况下，沟口排导槽的改造难度很大，在有条件的情况下，可对排导槽的断面形态加以改善或选择能够提高沟床比降的其他途径。

第三节　泥石流防治工程设计应该考虑的几个方面

泥石流成灾的根本原因在于泥沙、碎石等物源的丰富。因此，治理泥石流的根本出路就是控制泥沙、碎石等物源的迁移破坏。通过对甘肃省众多泥石流防治工程治理效果的分析，作者认为：在泥石流防治工程方案设计中应充分考虑以下几个方面的关系，只有处理好了这几方面的关系，才能实现泥石流防治工程的安全、经济、科学，才能取得良好的环境、经济、社会效益。

一、处理好拦挡与排导的关系

如前所述，排导措施在泥石流灾害的防治中既有其积极意义也有其不利影响。排导措施不仅不能从根本上控制流域内不良地质现象和泥沙物源的减少，有时会加剧沟道侵蚀作用的进一步发展，促进沟道滑坡、崩塌的发生。加之，沟口强有力的排导将更多的泥沙送入江河，也为泥石流堵塞江河创造了条件。因此，排导措施在泥石流防治中只能作为保护某一重要设施的辅助手段来施用，而不能将其作为唯一的或主要的措施。

拦挡工程主要是指布置在沟道中稳定滑坡、防治沟岸坍塌和沟床下切的各类建筑物，较常用的有拦挡坝。它通过拦蓄泥沙来提高侵蚀基准、降低泥石流的侵蚀和搬运能力，从而达到稳定沟岸滑坡、防止沟床下切和沟岸坍塌，实现减少泥沙补给和外流的目标。拦挡措施是治理泥石流灾害的主要措施，采用"拦排结合，以拦为主"是我们治理陇南泥石流的成功经验，也是近年来治理其他地方泥石流采用的主要措施。

二、协调好治坡与治沟的关系

治坡措施主要有修建梯田和造林，其作用主要是拦蓄径流、延缓汇流过程、削减洪峰流量、减缓坡面侵蚀等。但对于沟谷山坡坡度 > 30°，山坡崩塌、滑坡十分发育的泥石流沟，沟内修建梯田、植树造林的面积有限，其对降水汇流的影响也不甚明显，对削减洪峰流量的作用更是有限的。因此，对于以重力侵蚀为主的泥石流沟，泥沙主要来自沟道，崩塌、滑坡堆积物是它的最大物源构成，欲减少泥沙补给，必先稳定滑坡和固定沟床，光治坡不治沟显然是本末倒置。那么，如何治沟呢？当然是修建拦挡工程。沟道拦挡工程不仅能够调整沟床，防止沟床侵蚀下切，还能稳固滑坡，最大限度地减少固体物质补给。综上，我们认为，"沟坡兼治，以治沟为主"是泥石流综合防治的最佳措施之一。

三、梳理好各类防治措施之间的关系

按理说，在综合治理中工程措施的布设时应该考虑其措施实施后的影响，如生物措施对清水流量的影响，这会涉及拦挡坝、排导槽和固沟护岸工程的布设。流域中上游进行了生物、拦挡、固床治理后，沟口排导槽的设置和排洪要求应该和治理前是有所不同的。遗憾的是，目前我们还没有成熟的设计计算方法。不过，只要我们每个设计人员具备这样的理念，在方案的选择和工程设计中加以适当调整，不要"治与不治一个样，治大治小一个样"，统统按照未治理的情况对待，只要不断地摸索研究，就会得出一些地方经验或地方模式来，实现泥石流防治工程的安全、经济、科学。

第四节 泥石流防治工程设计的相关参数和经验公式

不同类型的泥石流灾害有不同的特点，其防治工程设计也是不同的。根据新发布实施的《泥石流防治工程设计规范》（T/CAGHP 021—2018），下面介绍一些有关泥石流防治工程设计中常用的参数和经验公式。

一、泥石流防治工程标准确定

1.泥石流灾害防治工程安全等级

泥石流灾害防治工程安全等级的划分，应在满足防洪标准的基础上，采用以受灾对象及灾害程度为主、适当参考工程造价的原则，进行综合确定。根据泥石流灾害的受灾对象、死亡人数、直接经济损失、期望经济损失和防治工程投资等五个因素，可将泥石流灾害防治工程安全等级划分为四个级别（表3-1）。

表 3-1 泥石流灾害防治工程安全等级标准

地质灾害	防治工程安全等级			
	一级	二级	三级	四级
威胁或受灾对象	省会级城市	地、市级城市	县级城市	乡、镇及重要居民点
	铁道、国道、航道主干线及大型桥梁、隧道	铁道、国道、航道及中型桥梁、隧道	铁道、省道及小型桥梁、隧道	乡、镇间的道路、桥梁
	大型的能源、水利、通讯、邮电、矿山、国防工程等专项设施	中型的能源、水利、通讯、邮电、矿山、国防工程等专项设施	小型的能源、水利、通讯、邮电、矿山、国防工程等专项设施	乡、镇级的能源、水利、通讯、邮电、矿山等专项设施
	甲级建筑物	乙级建筑物	丙级建筑物	丁级建筑物及以下
死亡人数	≥30	10～30	3～10	<3
直接经济损失（万元）	≥1000	500～1000	100～500	<100
受威胁人数	≥1000	100～1000	10～100	<10
期望经济损失（万元/年）	≥1000	500～1000	100～500	<100

注：表中的甲、乙、丙级建筑物是指 GB50007—2011 规范中甲、乙、丙级建筑物。

2. 泥石流灾害防治工程安全系数要求

泥石流防治工程应按照防治工程安全等级、降雨强度、荷载组合选择对应的泥石流防治工程设计标准。泥石流灾害防治工程设计标准的确定，应进行充分的技术经济比选，既要安全可靠，也要经济合理。拦挡坝和排导槽两侧槽墙停淤场挡墙应使其整体稳定性满足抗滑（抗剪或抗剪断）和抗倾覆安全系数的要求（表 3-2、表 3-3）。

表 3-2 泥石流拦挡坝设计安全系数要求

防治工程安全等级	降雨强度	抗滑安全系数		抗倾覆安全系数	
		基本荷载组合	特殊荷载组合	基本荷载组合	特殊荷载组合
一级	100年一遇	1.25	1.08	1.60	1.15
二级	50年一遇	1.20	1.07	1.50	1.14
三级	30年一遇	1.15	1.06	1.40	1.12
四级	10年一遇	1.10	1.05	1.30	1.10

表 3-3 泥石流排导槽侧墙和停淤场挡墙设计安全系数要求

防治工程安全等级	降雨强度	抗滑安全系数		抗倾覆安全系数	
		基本荷载组合	特殊荷载组合	基本荷载组合	特殊荷载组合
一级	100年一遇	1.35	1.20	1.60	1.50
二级	50年一遇	1.30	1.15	1.55	1.45
三级	30年一遇	1.25	1.10	1.50	1.40
四级	10年一遇	1.20	1.05	1.45	1.35

二、泥石流防治工程设计主要参数选取与计算

1.泥石流的流速

泥石流流速是泥石流工程设计中的重要参数。其计算方法按照泥石流流体性质不同，可分为黏性泥石流与稀性泥石流两大类。

（1）黏性泥石流流速公式（甘肃武都地区黏性泥石流）：

$$v_c = M_c \cdot H_c^{2/3} \cdot I_c^{1/2}$$

式中：

v_c为计算断面泥石流平均流速，m/s；

M_c为泥石流的沟床糙率系数，与计算断面处的平均泥深有关，按表3-4取值；

H_c为计算断面泥石流平均泥深，m；

I_c为计算处沟道纵坡坡度，‰。

表3-4　黏性泥石流流速系数M_c

沟床特征	M_c					
	平均泥深（m）					
	0.5	1.0	2	3	4	5
黄土地区泥流沟或大型的黏性泥石流沟，沟床平坦开阔，流体中含大块石少，I_c=20‰~60‰		29	22	18	16	
中小型黏性泥石流沟，沟谷顺直，流体中含大块石少，I_c=30‰~80‰	26	21	16	10	14	8
中小型的黏性泥石流沟，沟床狭窄弯曲，有陡坎，或沟道虽顺直，但含大石块较多；沟床平顺的大型稀性泥石流沟；I_c=40‰~120‰	20	15	11	9	7	5
中小型稀性泥石流沟，碎石性沟床，多块石，不平整，I_c=100‰~180‰	12	9	6.5	5		
沟道弯曲，沟内多顽石，跌坎，沟床极不平整的稀性泥石流，I_c=120‰~250‰		5.5	3.5			

（2）稀性泥石流流速公式（铁一院西北地区经验公式）：

$$v_c = (15.3/a) H_c^{2/3} I_c^{3/8}$$

式中：

v_c为计算断面泥石流平均流速，m/s；

a为折减系数，$a = (\gamma_H \varphi + 1)^{1/2}$，$\varphi = (\gamma_c - \gamma_w)/(\gamma_H - \gamma_c)$；

H_c为计算断面处的泥深，m；

I_c为计算断面处的沟床纵坡坡度，‰。

2.泥石流重度

泥石流容重大小直接反映了流体中所夹带固体物质的多少，它受流域泥沙补给条件和沟床流水输沙能力等的共同影响。泥石流重度的确定方法较多，目前常用的有固体物质储量计算法、中值粒径法、堆积扇比降法、体积比计算法、现场试验计算法、易发性评分法等。流石流重度的各种确定方法在第三编第五章有较为详尽的介绍，这里不再赘述，需要指出的是：

泥石流重度应综合确定，不仅要通过多方法比较，而且要根据现场实际情况综合取值。对已发生过泥石流的泥石流沟尽可能地采用现场配浆法计算确定；对未发生过泥石流的泥石流沟采用固体物质储量经验公式法和颗分法及查表法，最后综合考虑取值。

3.泥石流流量计算

泥石流流量计算主要有配方法（雨洪修正法）和形态调查法。其计算公式在本书第三编第五章有介绍。需要说明的是要用配方法（雨洪修正法）计算泥石流流量时，清水流量（Q_p）计算按所在地区水利部门的水文手册中的公式计算。甘肃陇南、定西、庆阳等地区的泥石流沟道清水流量计算可参考使用当地的经验公式：

$$Q_{p(1\%)} = 11.2F^{0.84} \quad （陇南地区）$$

$$Q_{p(1\%)} = 18.3F^{0.736} \quad （定西地区）$$

$$Q_{p(1\%)} = 7.5F^{0.736} \quad （庆阳地区）$$

式中：

$Q_{p(1\%)}$ 为暴雨洪水下最大清水流量，重现期为100年；

F 为流域面积，km^2。

在泥石流与暴雨同频率，且同步发生，计算断面的暴雨洪水流量全部转变为泥石流流量条件下，可按水文方法计算暴雨洪峰流量。

4.泥石流年冲出量计算

（1）泥石流年平均冲出量

根据径流折算经验公式为：

$$W_H = 1000k \cdot H \cdot \alpha \cdot F \cdot \Phi$$

式中：

W_H 为泥石流年平均冲出量，m^3；

k 为泥石流形成系数，取0.2；

H 为引起泥石流的雨季期间平均降雨总量，mm；

α 为径流系数，0.2～0.6；

F 为流域面积，km^2；

Φ 为系数，0.8。

（2）泥石流一次最大冲出量

经验计算公式为：

$$Q_w = K \cdot Q_c \cdot t$$

式中：

Q_w 为次最大冲出量，$10^4 \mathrm{m}^3$；

K 为系数，一般取 $K = 0.264$；当 $F \leq 5\,\mathrm{km}^2$ 时，$K = 0.202$；

当 $F = 5 \sim 10\,\mathrm{km}^2$ 时，$K = 0.113$；当 $F = 10 \sim 100\,\mathrm{km}^2$ 时，$K = 0.0378$；

Q_c 为泥石流流量，m^3/s；

t 为泥石流过程时间，s。

三、泥石流防治工程设计计算

1.泥石流治理后重度计算

泥石流工程实施后，对固体松散物质的控制程度、沟道输沙特种变化及拦蓄工程效果，治理后的重度、流量变化一直处于研究之中。目前，主要是根据对沟道内滑坡、崩塌、岸坡坍塌等松散补给物质拦挡后的稳定程度进行估算，如表3-5。

治理后泥石流的重度可按以下经验公式计算：

$$\gamma_c' = 11.0 A^{0.11}$$

式中：

γ_c' 为治理后泥石流重度，$\mathrm{t/m}^3$；

A 为治理后流域中单位面积松散物补给量，$10^4\,\mathrm{m}^3/\mathrm{km}^2$。

表3-5　治理前、后沟道内固体松散物质储量对比表

名称	滑坡（$10^4\mathrm{m}^3$）	崩塌（$10^4\mathrm{m}^3$）	沟道堆积物（$10^4\mathrm{m}^3$）	支沟泥石流（$10^4\mathrm{m}^3$）	滑塌、坍塌及岸坡堆积物（$10^4\mathrm{m}^3$）	总量（$10^4\mathrm{m}^3$）	单位面积储量（$10^4\mathrm{m}^3/\mathrm{km}^2$）
治理前松散物质补给量							
治理后减少松散物质量							
减少量比率(%)							
治理后松散物质补给量							

2.泥石流治理后流量计算

治理后流量大小是泥石流防治工程设计中的主要参数，依据治理后泥石流重度结果，按配方法公式计算治理后泥石流流量。

计算公式为：

$$Q_c=(1+\varphi)Q_BD$$

式中：

Q_B 为一定重现期的清水流量，m^3/s；

Q_c 为与 Q_B 相同重现期的泥石流流量，m^3/s；

D 为堵塞系数；

$1+\varphi$ 为泥石流流量增加系数（按治理后泥石流重度查表取值）。

各拦挡坝断面处治理后泥石流流量按下式换算分配：

$$Q_{ci}=(F_i/F)\cdot Q_c$$

式中：

Q_c 为主沟泥石流流量，m^3/s；

F 为主沟流域面积，km^2；

Q_{ci} 为拦挡坝控制的流量，m^3/s；

F_i 为拦挡坝控制的汇流面积，km^2。

各拦挡坝断面处设计泥石流流量计算结果填入表3-6。

表3-6　治理后各拦挡坝处泥石流流量计算表

拦挡坝	$Q_c(m^3/s)$	$F(km^2)$	$F_i(km^2)$	$Q_{ci}(m^3/s)$

3.泥石流整体冲击力计算

泥石流冲击力是破坏构筑物的主要外力之一，它的大小与泥石流流量、重度和流速等有关，直接决定了拦挡坝体的各种设计参数。其设计要经过多次试算才能完成，具体的冲击力值通常采用下式确定。

泥石流单位面积冲击力可根据如下公式计算：

$$F=\lambda\gamma_c/g\times v^2$$

式中：

F 为单位面积冲击力，kN/m^2；

γ_c 为泥石流重度，kN/m^3；

g 为重力加速度，m/s^2，取9.8；

λ 为拟建构筑物形态系数，圆形建筑取1.0，矩形建筑取1.33，正方形建筑取1.47，拦挡坝、格栅坝可按矩形建筑取1.33；

v 为泥石流流速，m/s。

由上述公式求得各坝承受的最大冲击力见表3-7。

表3-7　各坝所承受的最大冲击力一览表

坝名 ＼ 项目	坝前坡降 i（‰）	泥深 H_c(m)	流速 v_c（m/s）	断面面积（m²）	重度 γ_c（kN/m³）	冲击力 F（kN/m²）

4.泥石流中大块石冲击力计算

大块石冲击力也是破坏工程建筑物的主要作用力之一，是泥石流设计的重要参数，其大小与泥石流流量、容重和块石运动速度等有关。泥石流中大块石的冲击力可根据如下公式计算：

$$P = 241R^2 \times v^{5/6}$$

式中：

P 为大块石的冲击力，kN；

R 为大块石半径，m；

v 为泥石流中大块石移动速度，m/s。

泥石流冲出物最大粒径石块运动速度经验公式为：

$$v = a\sqrt{d_{max}}$$

式中：

v 为泥石流中大块石移动速度，m/s；

a 为全面考虑的摩擦系数，取3.5～4.5。

d_{max} 为泥石流堆积物中大块石最大粒径，m。

根据调查及计算的拟建工程段本次泥石流流速，按以上公式分别计算工程位置大块石冲击力，计算结果如下表3-8。

表3-8　大块石冲击力表

坝名	泥石流流速(m/s)	重度(kN/m³)	大块石半径 R(m)	块石冲击力(kN)

5.泥石流冲起高度设计

泥石流的冲起高度也是泥石流设计的重要参数,其大小与泥石流流量、容重和运动速度等有关,其计算公式如下:

$$\Delta H = bv_c^2/2g$$

考虑泥石流在爬高过程中受到沟床阻力的影响,泥石流的最大冲起高度 ΔH 可根据如下公式计算:

$$\Delta H = 0.8v_c^2/g$$

式中:

ΔH 为泥石流的最大冲起高度或爬高,m;

g 为重力加速度,取9.8 m/s²;

b 为泥石流迎面坡度的函数;

v_c 为泥石流流速,m/s。

四、泥石流防治工程构筑物设计计算

1.泥石流拦挡工程设计

应根据泥石流的类型和规模及防治工程等级综合考虑。拦挡工程包括实体重力坝、格栅坝等。实体重力坝按照坝库规模大小和主要功能的不同大致分为谷坊坝和拦沙坝。格栅坝按照结构型式与构造分为梁式格栅坝、切口坝、筛子坝、格子坝、网格坝、桩林等多种型式。

(1)重力坝坝高设计

①拦沙坝坝高计算

拦沙坝坝高的近似计算公式为:

$$H \approx \sqrt{2V \operatorname{tg} \alpha/B}$$

式中:

H 为沟床以上拦挡坝的有效高度,m;

V 为拦挡坝需要拦蓄的固体物质量,m³;

B 为拦挡坝库容部分沟道的平均宽度,m;

α 为沟床的水平夹角,°。

②稳坡固沟坝坝高计算

固沟坝坝高度的计算公式如下:

$$H = l_s i_b - l_s i_s$$

式中:

H 为沟床以上拦挡坝的有效高度,m;

l_s 为拦挡坝拦蓄物质需要掩埋的沿沟床的纵向距离，m；

i_b 为沟床原始纵坡降，‰；

i_s 为淤积后的纵坡降，‰；一般取 i_s 取 $1/2 \, l_s \sim 3/4 \, l_s$。

（2）重力坝横断面设计

按照受力分析，对抗滑、抗倾覆稳定以及结构应力和地基承载力较为有利的重力坝设计断面为三角形和梯形，并以梯形居多。

重力坝基础宽度和深度与坝前保护形式有关，坝前设置副坝，基础宽度为坝高的50%，即 $0.5H$；基础埋深一般 $\geqslant 3.0$ m。坝前设置护坦，拦挡坝需要以襟边形式加大，基础的宽度为坝高的70%，即 $0.7H$；其基础埋深一般 $\geqslant 2.5$ m。

重力坝断面设计中的坝身迎水面坡度和背水面的坡度与坝高有关。常用的坡度为：迎水面坡度为 $0.20 \sim 0.60$，背水面坡度为 $0.05 \sim 0.20$。

重力坝的坝顶宽度设计应根据坝高、坝身迎水面和背水面的坡度，以及运行管理、交通、防灾抢险的需求来确定。按照构造要求 $b=(8\sim10)\%H_d$，且低坝坝顶宽度不小于1.5 m，高坝坝顶宽度不小于3 m，当有交通及抢险要求时 b 应大于4.5 m。

（3）重力坝坝体细部设计

①溢流口设计

重力坝的溢流口一般采用开敞式矩形和倒梯形。计算公式在本书第一编第三章有介绍。

②泄水涵洞（管）、泄水孔设计

泄水涵洞（管）和泄水孔是拦挡坝水沙分离的重要结构。对于长流水沟则必须设置泄水涵洞，这样能有效而快速地将沟内水流通过泄水涵洞输送到下游。

对于有效坝高大于5 m的拦挡坝，在其下部设置标准的泄水涵洞是合理的，而对于较低的拦挡坝和谷坊坝，可设置大小与坝体相协调的涵管，或其他尺寸的圆形泄水涵洞。

泄水孔宜布置成分散、多层、梅花状交错排列，这样有利于排水输沙，便于长期使用。泄水孔要均布在溢流口以下、泄水涵洞（管）以上，其左右边界应不超过基础长度或导流槽的宽度。为了便于施工泄水孔，防止泄水孔的渗漏，泄水孔的几何形状最好使用圆形。

③坝体伸缩缝和沉降缝设计

长坝坝身沿轴线方向应设置温度伸缩缝和沉降缝，使其能自由伸缩、沉降，避免坝体开裂或断裂。沉降缝设置在垂直荷载差别大，地形高差悬殊、基岩软硬突变的位置；温度沉降缝则视筑坝材料导温性质及当地气温而定，一般分段长度不超过25 m，尽可能将沉降缝与伸缩缝合二为一。需要说明的是：通常将坝体溢流段作为一个独立单元分段处理；为了保证坝体完整性和抗倾覆性，伸缩缝可设计成交错通缝；缝宽2～3 cm，缝间填入沥青浸渍的麻丝或木工条、预制的沥青砂浆板条或油毛毡及其他新型防渗伸缩缝填充材料。

④坝肩保护设计

坝肩与坝肩槽岩土体的不紧密结合，常常造成泥石流侵蚀坝肩，形成绕坝流，甚至破坏坝体。采用锚杆加固坝肩的方法和利用"翼墙"和"耳墙"等措施保护坝肩是拦挡坝设计不可或缺的内容。坝肩保护设计方法参照本书第一编第四章的内容。

⑤坝基础保护设计

重力坝基础施工遗留槽的夯填和坝基础襟边、护坦是保护坝基的有效措施。其设计方法参照本书第一编第五、六章的内容。

坝下消能防护工程主要包括：副坝、护坦、潜坝、防冲槛等，常用的有副坝和护坦消能。

主坝与副坝重叠高度的计算经验公式为：

$$H'=(1/3\sim1/4)H$$

式中：

H' 为副坝重叠高度（有效高度）；

H 为主坝高度（有效高度+基础埋深）。

主坝与副坝间距计算经验公式为：

$$L=(2\sim3)H$$

式中：

L 为副坝重叠高度（有效高度）；

H 为主坝高度（有效高度+基础埋深）。

护坦的长度计算经验公式为：

$$L=kv_0\sqrt{2H/g}$$

式中：L 为护坦的长度，m；

v_0 为过坝流速，m/s；

H 为坝前地面到溢流口泥痕的高度，m；

g 为重力加速度，m/s^2，一般为9.8 m/s^2；

k 为泥石流性能系数，经验值为1.2～1.4，稀性泥石流取大值，黏性泥石流取小值。

（4）重力坝坝体稳定性验算

根据《泥石流防治工程设计规范》（T/CAGHP 006—2018）附录公式验算，这里不再赘述。

（5）格栅坝设计

格栅坝是由重力坝的溢流口不断演变形成的，包括梁式坝、缝隙坝、切口坝、网格坝、桩林等。格栅坝以拦石排水效果较好、有利于坝库维护管理等优点适用于低黏性水石流的拦挡工程设计中。

①梁式坝包括横向宽缝梁式坝和竖向深槽耙式坝。格栅用预应力钢筋混凝土或型钢制作。梁式坝过流缝断面一般为矩形，过流缝隙间距 h 按照限制粒径 $D_i=(0.3\sim0.5)D_m$ 设定，且一般过流缝隙间距取 $0.5\sim0.8$ m。对于同一泥石流沟布置的多个梁式坝，从沟道的自上而下梁式坝缝隙间距应依次减小，以达到拦粗排细效果。

②缝隙坝的缝隙一般布置在坝顶，采用窄深的矩形、梯形、三角形断面。缝隙坝过流缝隙呈梯层布置。缝隙高度 H 取 $3\sim5$ m，宽度 b 取 $0.3\sim1.0$ m，宽度 b 按照限制泥石流中颗粒直径 D_m 与闭塞条件选定，一般取 b/D_m 为 $1.5\sim2.0$。上下缝层之间的整体顶、底板厚度应大于 1.5 m。缝隙密度一般控制在 $\Sigma b/B$ 为 $0.2\sim0.6$。

2.停淤场设计

泥石流停淤场应选在沟口堆积扇两侧凹地，或沟道中、下游宽谷中的滩地，令其自然减速，停淤或修建拦蓄工程是迫使其停淤的一种泥石流防治工程。停淤场可分为堆积扇、沟道和跨流域三种型式。

（1）沟道停淤场位于泥石流沟谷中，与沟道平行，呈带状。停淤场可以利用的面积主要为泥石流沟道下游沟旁漫滩和低阶地。沟道型停淤场一般由引流拦挡坝、导流堤、防护堤组成。

（2）堆积扇停淤场位于泥石流沟口至主河之间的堆积扇上，根据堆积扇的形状、大小、扇面坡度、土地利用现状和建筑设施、堆积扇与主河的相互关系及其发展趋势等，选择堆积扇的一部分或大部分作为泥石流停淤场地。堆积扇停淤场如有清淤条件，停淤场的设计停淤量宜按一次设计标准泥石流固体物质总量确定，否则按校核标准泥石流固体物质总量确定。

堆积扇型停淤场根据堆积扇地形条件，宜选择扇形或圆形，主要由引流拦挡坝、导流堤、围堤、分流堤等组成。两侧导流堤从流通段末端的颈口起建，扩散角一般取 $90°\sim120°$。

（3）跨流域停淤场是利用邻近流域的低洼地作为停淤场地，其适用条件是合适的地形条件，所需工程简单，工程造价较低。跨流域停淤场一般在泥石流流域内布置拦砂坝，邻近停淤流域设置导流堤、围堤、分流堤，泥石流流域和停淤流域间宜设置引流槽。

导流堤可采用垰工护坡土堤、浆砌石、混凝土、钢筋混凝土堤，土堤应采用斜坡式结构，其他可采用重力式或扶壁式结构。导流堤的高度为设计泥位、冲起高度和安全超高之和，安全超高宜取 $0.5\sim1.0$ m。垰工护坡土堤顶宽宜取 $1.0\sim3.0$ m，内边坡宜取 $1:1.25\sim1:1.50$，外边坡宜取 $1:1.50\sim1:2.0$。

其重力式、扶壁式导流堤的结构和稳定性验算参照相关规范执行。导流堤基础埋深为最大冲刷深度和安全埋深之和，安全埋深宜取 0.5～1.0 m。

围堤的高度根据设计停淤量计算确定。围堤可采用圬工护坡土堤、浆砌石、混凝土、钢筋混凝土堤，土堤应采用斜坡式结构，其他可采用重力式或扶壁式结构。土堤顶宽宜取 1.0～3.0 m，当有通行要求时可适当加宽。土堤内边坡宜取 1∶1.25～1∶1.50，外边坡宜取 1∶1.50～1∶2.0。重力式围堤结构及稳定性验算参照重力式挡土墙设计规范执行。扶壁式围堤结构及稳定性验算参照扶壁式挡土墙设计规范执行。围堤还可采用格宾石笼结构、预制钢筋混凝土箱体结构等，使用时须做充分论证。围堤应设置涵洞将尾水和山洪泄入主河。

停淤场停淤量应按下式进行计算：

沟道式停淤场总淤积量：

$$V_s = B_c h_s l_s$$

式中：

V_s 为停淤总量，m³；

B_c 为沟道停淤场地平均宽度，m；

h_s 为平均淤积厚度，m；

l_s 为沟道停淤场流向长度，m。

堆积扇停淤场总淤积量：

$$V_s = \frac{\pi \alpha}{360} R_s^2 h_s$$

式中：

V_s 为停淤总量，m³；

R_s 为以引流口为圆心的停淤场半径，m；

h_s 为平均淤积厚度，m。

3. 排导工程设计

泥石流排导工程一般包括排导槽、改沟、渡槽、明洞、隧道等。排导槽是一种槽形线性过流建筑物，其作用是既可提高输沙能力、增大输沙粒径，又可防止河沟纵横向变形，是将泥石流安全顺利排泄到指定区域的排导设施。

排导槽设计的步骤和要求：

（1）平面布设

排导槽总体布置应力求纵坡较大、长度较短，并有利于入流和下泄。排导槽应与现有工程或沟道的防治总体规划相适应。排导槽一般由进口段、急流段和出口段三部分组成，其轴线布置应力求与沟道中心线一致，并尽可能利用天然沟道随弯就势，避开地形地物障碍。进口段上游如有拦沙坝、溢流堰、低槛等控流设施，应加以利用。急流段一般应采用等宽度、直线型平面布置，或以缓弧形相接的大钝角相交的折线型布置。沿程支沟汇入处，宜顺流以小于30°的角度相交，汇口下游可适当扩大过流断面。出口段尾部应与主河呈锐角相交，并尽可能选在排泄能力较大河段部位，槽底标高宜在主河高洪水位以上。

排导槽宽度不应突然放宽或收窄，应采用渐变段连接，扩散角或收缩角不应大于10°，渐变段长度不小于5倍上游槽宽。排导槽长度如果超过300 m，宜分段规划布置，相邻槽段间设置过渡段。

（2）纵断面设计

按最大地面纵坡选线，利用中心轴线长度缩短、横断面优化阻力减小的协同效应，排导槽的槽长小于100 m的，其纵坡采用等于或略大于流通段的纵坡，并一坡到底。槽长超过100 m的可由陡到缓比降递变，变幅不宜超过0.10。排导槽纵坡应考虑沟道地形条件，兼顾挖填方平衡。

排导槽纵坡小于0.05时，排导槽进口上游须设置缝隙坝，降低泥石流重度，利于排泄。对于重大排导槽工程，其纵坡应通过模型试验确定。

（3）横断面设计

排导槽横断面应满足泥石流排泄的要求，排导槽的过流能力应大于设计流量，横断面形式可择优选择梯形、矩形、三角形及复式断面。梯形或矩形断面的排导槽宽深比宜取2.0∶1～6.0∶1，三角形断面的宽深比宜取1.5∶1～4.0∶1，复式断面的宽深比宜取3.0∶1～10.0∶1。

排导槽槽宽上限值参照流通段的平均宽度确定，适当压缩排导槽宽度、加大槽深，按下式确定：

$$B_{max} \leqslant \left(\frac{I_l}{I_p} \right)^2 B_l$$

式中：

B_{max} 为排导槽宽度上限，m；

I_l 为流通段纵比降，‰；

I_p 为排导槽纵比降，‰；

B_l 为流通段宽度，m。

排导槽槽宽下限值根据排泄泥石流的最大固体颗粒粒径确定，按下式确定：

$$B > (2.0～2.5)D_a$$

式中：

B 为平均底宽，m；

D_a 为容许通过排导槽的沟床固体物质最大粒径，m。

排导槽槽深按下式确定：

$$H_p = H_c + H_s + \Delta h_s$$

$$H_c \geqslant 1.2D_a$$

式中：

H_p 为排导槽槽深，m；

H_c 为设计最大泥深，m；

H_s 为常年淤积厚度，m；

Δh_s 为安全超高，一般取 0.5～1.0 m；

D_a 为容许通过排导槽的沟床固体物质最大粒径，m。

当排导槽设置有弯道时，弯道超高按下式确定：

$$\Delta H = B_c V_c^2 / 2gR_c$$

式中：

ΔH 为弯道超高，m；

B_c 为泥面宽度，m；

V_c 为泥石流速度，m/s；

g 为重力加速度，m/s²；

R_c 为弯曲半径，m。

排槽弯道的过渡段长度按下式确定：

$$L_w = (0.5\sim1.0)L_b$$

式中：

L_w 为进出弯道的长度，m；

L_b 为弯道长，m。

（4）结构型式及细部构造设计

结构型式包括整体式框架结构、分离式挡土墙–护底组合结构、挡土墙–肋槛组合结构、分离式护坡–肋槛组合结构、全断面护砌（轻型）结构、侧向齿槛防护结构。

整体式框架结构、分离式挡土墙–护底组合结构、全断面护砌结构的槽底应按一定间距设置底肋，间距一般为 20～50 m。

针对地下水位较高的情况，整体式框架结构、分离式挡土墙–护底组合结构、全断面护砌结构的槽底应按照纵、横一定间距设置排水孔，排水孔大小一般取 5～10 cm，纵向间距 5～10 m、横向间距 2～5 m。

根据需要，排导槽两侧侧墙可设置梯步、通行便桥。排导槽两侧侧墙应按不大于 25 m 间距设置沉降缝。

挡土墙–肋槛组合结构、分离式护坡–肋槛组合结构的肋槛埋深根据最大冲刷深度确定。

4.排导槽过流能力和槽身挡土墙稳定性验算

（1）排导槽过流能力验算

根据《甘肃省地质灾害防治工程勘察设计技术要求》及有关技术资料，排导槽设计的过流能力采用下列公式进行验算：

$$Q_{设}=\omega_{设} \cdot V_{设}=\omega_{设} \cdot m_{C设}H_{C设}^{2/3}i_C^{1/2}$$

式中：

$Q_{设}$为设计断面允许通过的最大泥石流流量，m^3/s；

$\omega_{设}$为设计最小过流断面面积，m^2；

$V_{设}$为断面处设计泥石流平均流速，m/s；

$m_{C设}$为沟道粗糙率系数；

$H_{C设}$为断面处允许最大平均泥深，m；

i_C为断面处沟床平均纵坡比降。

（2）排导堤稳定性验算

对排导槽槽身挡土墙的稳定性验算按照重力式挡土墙的稳定性验算公式计算。

205

参考文献

［1］周必凡.泥石流防治指南［M］.北京：科学出版社，1991.

［2］王继康.泥石流防治工程技术［M］.北京：中国铁道出版社，1996.

［3］中国科学院兰州冰川冻土研究所，甘肃省交通科学研究所.甘肃泥石流［M］.北京：人民交通出版社，1982.

［4］甘肃省国土资源厅.甘肃省重点地质灾害防治体系建设方案（2014—2020）［R］，2014.

［5］甘肃省地矿局第一水文地质工程地质队.甘肃东部泥石流［R］，2004.

［6］祁龙，马秋华.甘肃泥石流灾害及防治［R］，1994.

附录一　泥石流灾害防治工程勘查报告编写提纲

泥石流防治工程勘查成果资料，在满足《泥石流防治工程勘查规范》（T/CAGHP 006—2018）要求的基础上，建议勘查技术人员按以下提纲编制勘查报告。

0　前言

0.1　任务来源及勘查范围

0.2　地质灾害历史灾情与现状危害

0.3　工作目的与任务

0.4　前人地质工作研究程度

0.5　勘查工作的依据

0.6　勘查工作概况及工作质量评述

1　勘查区自然地理条件

1.1　地理位置与交通状况

1.2　气象、水文

1.3　土壤、植被

1.4　社会经济概况

2　区域地质环境条件

2.1　地形地貌

2.2　地层岩性

2.3　地质构造、新构造运动与地震

2.4　岩土体工程地质类型和特征

2.5　水文地质条件

2.6　人类工程活动

3　泥石流形成条件分析

3.1　地形地貌条件及降水汇流条件

　　3.1.1　形成区地形地貌条件

　　3.1.2　流通区地形地貌条件

附件

1. 勘查照片集（对照片进行一定的编辑说明）

2. 各种计算成果

附表

1. 颗分试验成果表

2. 水土腐蚀性实验表

3. 岩土物理力学试验成果表

4. 原位动探、标贯、重度试验成果表

附图

1. 泥石流流域地质环境综合平面图（含泥石流流域土壤侵蚀分区、泥石流流域土壤植被分布和承灾对象的分布等）（1：5000～1：50000）

2. 泥石流勘查工作平面布置图（在泥石流流域地质环境综合平面图上布置（1：5000～1：50000）

3. 泥石流危险性分区图（在泥石流流域地质环境综合平面图上布置，1：5000～1：50000）

4. 泥石流主沟道纵向工程地质剖面图（1：200～1：500）

5. 泥石流沟道横向工程地质剖面图（含沟道两侧的保护对象）（1：200～1：500）

6. 探井柱状图（1：50）

7. 探槽展示图（1：50）

8. 钻孔柱状图（1：100）

附录二 泥石流灾害防治工程设计编制提纲

为了规范设计成果文件，结合新发布的《泥石流防治工程设计规范》（T/CAGHP 021—2018），这里列出了泥石流防治工程设计成果文本、图件纲要，供设计人员参考使用。

0 前言

0.1 任务来源及治理范围

0.2 项目区地理位置

0.3 地质灾害历史与现状（简要说明治理的必要性、迫切性，灾害的简述，灾害的发展趋势与危害）

0.4 设计工作依据（含前期的工作结论、批复意见和专家意见，列表对比说明设计对前一阶段批复的方案执行情况）

0.5 设计工作概况及工作质量评述

1 勘查结论与设计参数确定

1.1 勘查结论（与设计相关的参数、要点等）

1.2 泥石流灾害的防治思路、设计原则、治理目标与设计应用规范规程

1.3 设防标准、安全等级

2 泥石流防治方案

2.1 既有防治工程评述及借鉴

2.2 拦挡工程坝址选择及意义

2.3 排导工程位置选择及意义

2.4 其他工程位置选择及意义

3 拦挡工程设计

3.1 拦挡工程主体结构设计

 3.1.1 坝型与构筑物材料选择

 3.1.2 拦挡工程高度与主体结构设计

 3.1.3 拦挡工程安全性验算及结构调整